Mastercam X7 中文版标准实例教程

三维书屋工作室

胡仁喜 刘昌丽 等编著

机 械 工 业 出 版 社

本书基于中高等院校机械加工专业数控加工课堂教学需要，结合当前应用最广泛、功能最强大的 CAD/CAM 软件 Mastercam X7，对 Mastercam 数控加工的各种基本方法和技巧进行了详细介绍。

全书分为 8 章，分别介绍了 Mastercam X 7 软件设计和加工两个方面的使用方法与技巧。设计功能方面介绍了二维以及三维图形绘制与编辑、曲面和曲线的创建与编辑等知识；加工功能方面介绍了二维和三维加工等知识。

本书最大的特点是实例非常丰富，基本做到了一个知识点配一个实例，通过实例讲解帮助读者迅速掌握知识点的功能特点。

为了满足学校师生利用此书进行教学的需要，随书配赠了多媒体光盘，包含全书实例操作过程录屏讲解 AVI 文件和实例源文件。授课老师如有需要，也可以按前言中提供的邮箱地址联系我们，索取 PPT 授课课件。

本书适合机械制造相关专业大中专学校用作授课教材，也可以作为机械加工从业人员或爱好者的自学辅导教材。

图书在版编目（CIP）数据

Mastercam X7 中文版标准实例教程/胡仁喜等编著.—3 版.—北京：机械工业出版社，2015.10

ISBN 978-7-111-53450-1

Ⅰ．①M… Ⅱ．①胡… Ⅲ．①数控机床—加工—计算机辅助设计—应用软件—教材 Ⅳ．①TG659-39

中国版本图书馆 CIP 数据核字（2016）第 067328 号

机械工业出版社（北京市百万庄大街 22 号 邮政编码 100037）
责任编辑：曲彩云 责任印制：乔 宇
北京中兴印刷有限公司印刷
2016 年 5 月第 3 版第 1 次印刷
184mm×260mm · 20 印张 · 495 千字
0001－3000 册
标准书号：ISBN 978-7-111-53450-1
　　　　　ISBN 978-7-89405-892-8（光盘）
定价：59.00 元（含 1DVD）

前　　言

Mastercam 是美国 CNC Software 公司开发的一套 CAD/CAM 软件，利用这个软件，可以辅助使用者完成产品从设计到制造的全过程中最核心的问题。由于其诞生较早且功能齐全，特别是在 CNC 编程上快捷方便，成为国内外制造业最广泛采用的 CAD/CAM 集成软件之一，主要用于机械、电子、汽车、航空等行业，特别是在模具制造业中应用更为广泛。

全书分为 8 章，分别介绍了 Mastercam X7 软件设计和加工两个方面的使用方法与技巧，设计功能方面介绍了二维以及三维图形绘制与编辑、曲面和曲线的创建与编辑等知识；加工功能方面介绍了二维和三维加工等知识。

本书最大的特点是实例非常丰富，基本做到了一个知识点配一个实例，通过实例讲解帮助读者迅速掌握知识点的功能特点。

本书编者长期从事 Mastercam 专业设计与制造实践和教学工作，对 Mastercam 有很深入的了解。书中的每个实例都是编者独立设计和加工的真实零件，每一章都提供了独立、完整的零件加工过程，每个操作步骤都有简洁的文字说明和精美的图例展示。本书的实例安排本着"由浅入深，循序渐进"的原则，力求使读者"用得上，学得会，看得懂"，并能够学以致用，尽快掌握 Mastercam 设计中的诀窍。

笔者根据自己多年的实践经验，从易于上手和快速掌握的实用角度出发，侧重于讲述具体加工方法，以及在加工过程中可能遇到的一些疑难问题的解决方法与技巧。

为了满足学校师生利用此书进行教学的需要，随书配赠多媒体光盘，包含全书实例操作过程录屏讲解 AVI 文件和实例源文件。授课老师如有需要，也可以按下面提供的邮箱地址联系我们索取 PPT 授课课件。

本书适合机械制造相关专业大中专学校用作授课教材，也可以作为机械加工从业人员或爱好者的自学辅导教材。

本书由三维书屋工作室策划，胡仁喜、刘昌丽、杨雪静、康士廷、张日晶、孟培、孙立明、闫聪聪、卢园、张俊生、李瑞、董伟、王玉秋、王敏、王玮、王义发、王培合、李亚莉、路纯红、周冰、王艳池、李兵、甘勤涛、李鹏参加编写。

由于时间仓促、编者水平有限，书中错误和纰漏之处在所难免，欢迎广大读者和同仁登录网站 www.sjzswsw.com 或联系 win760520@126.com 批评斧正，编者将不胜感激。

编　者

目　录

第 **1** 章

Mastercam X7 软件概述

本章简要介绍了 Mastercam X7 的基础知识。包括 Mastercam 的功能特点、工作环境以及系统配置等内容，最后通过一个简单的实例帮助读者对 Mastercam 进行初步认识。

◎ Mastercam 的工作环境

◎ Mastercam 的系统配置

1.1 Mastercam 简介

1.1.1 功能特点

Mastercam 共包含五个模块：Design（设计模块），Mill（铣削模块），Lathe（车削模块），Wire（线切割模块），Router（雕刻模块）。Design 模块用于被加工零件的造型设计，Mill 模块主要用于生成铣削加工刀具路径，Lathe 模块主要用于生成车削加工刀具路径，Wire 模块主要用于生成线切割加工刀具路径，Router 模块主要用于生成雕刻。本书对应用最广泛的 Design 和 Mill 模块进行介绍。Mastercam 主要完成三个方面的工作。

1. 二维或三维造型

Mastercam 可以非常方便地完成各种二维平面图形的绘制工作，并能方便地对它们进行尺寸标注、图案填充（如画剖面线）等操作。同时它也提供了多种方法创建规则曲面（圆柱面、球面等）和复杂曲面（波浪形曲面、鼠标状曲面等）。

在三维造型方面，Mastercam 采用目前流行的功能十分强大的 Parasolid 核心（另一种是 ACIS）。用户可以非常随意地创建各种基本实体，再联合各种编辑功能可以创建任意复杂程度的实体。创建出来的三维模型可以进行着色、赋材质和设置光照效果等渲染处理。

2. 生成刀具路径

Mastercam 的终极目标是将设计出来的模型进行加工。加工必须使用刀具，只要被运动着的刀具接触到的材料才会被切除，所以刀具的运动轨迹（即刀具路径）实际上就决定了零件加工后的形状，因而设计刀具路径是至关重要的。在 Mastercam 中，可以凭借加工经验，利用系统提供的功能选择合适的刀具、材料和工艺参数等完成刀具路径的工作，这个过程实际上就是数控加工中最重要的部分。

3. 生成数控程序，并模拟加工过程

完成刀具路径的规划以后，在数控机床上正式加工，还需要一份对应于机床控制系统的数控程序。Mastercam 可以在图形和刀具路径的基础上，进一步自动和迅速地生成这样的程序，并允许用户根据加工的实际条件和经验修改，数控机床采用的控制系统不一样，则生成的程序也有差别，Mastercam 可以根据用户的选择生成符合要求的程序。

为了使用户非常直观地观察加工过程、判断刀具轨迹和加工结果的正误，Mastercam 提供了一个功能齐全的模拟器，从而使用户可以在屏幕上预见【实际】的加工效果。生成的数控程序还可以直接与机床通信，数控机床将按照程序进行加工，加工的过程与结果和屏幕上一模一样。

1.1.2 工作环境

启动 Mastercam 时会出现如图 1-1 所示的工作环境界面。

1. 标题栏

与其他的 Windows 应用程序一样，Mastercam X7 的标题栏在工作界面的最上方。标题栏不仅显示 Mastercam 图标和名称，还显示了当前所使用的功能模块。

用户可以通过选择【机床类型】菜单命令，进行功能模块的切换。对于【铣削】【车削】【线切割】【雕刻】，可以选择相应的机床进入相应的模块，而对于【设计】则可以直接选择【机床类型】→【设计】命令切换至该模块。

图 1-1　Mastercam 的工作环境

2．菜单栏

用户可以通过菜单栏获取大部分功能，菜单栏包括：【文件】【编辑】【视图】【分析】【绘图】【实体管理器】【转换】【机床类型】【刀具路径】【屏幕】、【设置】【帮助】等。下面将对每个菜单进行简单介绍。

（1）【文件】菜单提供了创建文件、编辑文件、打印文件、保存文件、文件转换等标准功能，如图 1-2 所示。

1）【新建文件】：创建一个新的文件，如果当前已经存在一个文件，则系统会提示是否要恢复到初始状态。

2）【打开文件】：打开一个已经存在的文件。

3）【合并文件】：将两个以上的图形文件合并到同一个文件中。

4）【打开/编辑外部文件】：打开并编辑如 NC 程序的 ASCⅡ文本文件。

5）【保存、另存文件、部分保存】：保存、另存为、部分保存数据。其中部分保存可以将整个图形或图形中的一部分另行存盘。

6）【打印文件、打印预览】：打印图形文件，以及在打印之前对打印的内容进行预览。

7）【汇入、汇出】：将图形文件转换为不同的格式输入或输出。

8）【属性】：输入或查看图形文件的说明性或者批注文字。

9）【退出】：结束并关闭 Mastercam 的使用。

（2）【编辑】菜单对图形进行修剪、连接、改变曲线方向等编辑图形命令，如图 1-3 所示。

利用【取消操作】和【重复操作】菜单项可以撤销或恢复一个或多个操作。用户也可以通过【剪切】【粘贴】【全选】【复制】【删除】等功能菜单完成对实体的相应操作。

该菜单提供编辑图形文件的功能，如【修剪/打断】【连接图素】【更改曲线】【转成NURBS】【曲线变弧】等。

可以利用【法向设定】和【更改法向】菜单项设置或更改相对于当前构图平面的法向。

（3）【视图】菜单用于视图的设置，既可以平移、缩放视图，还可以选择屏幕中观察的视图角度，如图 1-4 所示。

（4）【分析】菜单项是 Mastercam 提供的强大的分析功能，用户可以利用【分析】菜单项对屏幕上图形点、圆弧和样条曲线的数据等属性进行分析，如图 1-5 所示。

图 1-2　文件菜单项　　图 1-3　编辑菜单项　　图 1-4　视图菜单项　　图 1-5　分析菜单项

（5）【绘图】菜单不仅可以非常方便地创建点、直线、圆弧、曲线、面等二维图素还可以创建空间曲线以及规则实体和规则曲面等图素。此外还提供了尺寸标注等功能，如图 1-6 所示。

（6）【实体管理器】菜单项可以使用【挤出】【旋转】【扫描】等方式创建实体，同时还提供了实体编辑功能，如【修剪】【圆角】【倒角】【布尔运算】等，如图 1-7 所示。

（7）【转换】菜单可以对绘制的图形完成镜像、旋转、缩放、平移、补正等操作，从而提高设计造型的效率，如图 1-8 所示。

（8）【机床类型】菜单用于选择功能模块，对于选择设计模块，可以直接选择进入；对于其他模块，用户则需要选择对应的机床，间接进入相应模块，如图 1-9 所示。

（9）【刀具路径】菜单包括各种刀具路径的创建和编辑功能，同时还提供了后处理功能，如图 1-10 所示。值得注意的是，该菜单项只有选择了一种机床类型后才被激活。

（10）【屏幕】菜单项可以对屏幕上的图形进行改变，还可以对系统的当前配置进行修改，此外还提供了图形的隐藏、着色和线框显示等功能，如图 1-11 所示。

图 1-6　创建菜单项　　图 1-7　实体管理器菜单项　　图 1-8　转换菜单项　　图 1-9　机床类型菜单项

（11）【设置】菜单包含了工具栏、菜单和系统运行环境等设置功能，如图 1-12 所示。

（12）【帮助】菜单提供了 Mastercam 系统帮助，方便使用该软件，如图 1-13 所示。

3．工具栏

工具栏是为了提高绘图效率，提高命令的输入速度而设定的命令按钮的集合，工具栏提供了比命令更加直观的图标符号。用鼠标单击这些图标按钮就可以直接打开并执行相应的命令，这比通过菜单方式更加直接方便。和菜单栏一样，工具栏也是按照按钮的功能进行划分的。工具栏包含了 Mastercam 的绝大数功能。另外，Mastercam X7 MU2 还提供了一个 Ribbon 工具栏，用于设置所运行命令的各种参数。

4．绘图区

绘图区是用户绘图时最常用也是最大的区域，利用该工作区的内容，用户可以方便地观察、创建和修改几何图形、拉拔几何体和定义刀具路径。在该区域的左下角显示有一个图标，这是工作坐标系（WCS, Work Coordinate System）图标。同时，还显示了视角（Gview）、坐标系（WCS）和刀具/绘图平面（Cplane）的设置等信息。

值得注意的是：Mastercam 应用默认的米制或英制显示数据，用户可以非常方便地根据需要修改单位制。

5．状态栏

状态栏显示在绘图窗口的最下侧，用户可以通过它来修改当前实体的颜色、层别、群组、方位等设置。各选项的具体含义如下：

图 1-10　刀具路径菜单项　　图 1-11　屏幕菜单项　　图 1-12　设置菜单项　　图 1-13　帮助菜单项

（1）【3D】：用于切换 2D/3D 构图模块。在 2D 构图模块下，所有创建的图素都具有当前的构图深度（Z 深度），且平行于当前构图平面，也可以在 AutoCursor 工具栏中指定 X、Y、Z 坐标，从而改变 Z 深度。而在 3D 构图模式下，可以不受构图深度和构图面的限制。

（2）【屏幕视角】：单击该区域打开一个快捷菜单，用于选择、创建、设置视角。

（3）【平面】：单击该区域的一个快捷菜单，用于选择、创建设置构图、刀具平面。

（4）【Z】：表示在构图面上的当前工作深度值。用户可以单击该区域即可在绘图区域选择一点，也可以在右侧的文本框中直接输入数据，作为构图深度。

（5）　10 ▼ ：单击该区域将弹出【颜色】对话框，用于设置当前颜色，此后所绘制的图形将使用这种颜色进行显示。

（6）　层别 1　　　　　▼ ：单击该区域将弹出【层别管理】对话框，用于选择、创建、设置图层属性，也可以在其右侧的下拉列表中选择图层。

（7）【属性】：单击该区域将弹出【属性设置】对话框，用于设置线型、颜色、点的类型、层别、线宽等图形属性。

（8）　* ▼ ：通过下拉列表对点的显示风格进行设置。

（9）　—— ▼ ：通过下拉列表对线型进行设置。

（10）　—— ▼ ：通过下拉列表对线宽进行设置

（11）【WCS】：单击该区域将打开一快捷菜单，用于选择、创建、设置工作坐标系。

（12）【群组】：单击该区域将弹出【群组管理】对话框，用于选择、创建、设置群组。

提示：更改属性、视角和平面仅适用于用户创建的实体和刀具路径，除非用户在更改前选择物体。

6. 临时工具栏

用户在操作过程中最近所使用的 10 个命令都逐一记录在此操作栏中，当用户再次使用该命令时，可以直接从操作命令记录栏中选择，提高选择命令的效率。

7. 刀具路径、实体管理器

Mastercam X7 MU2 将刀具路径管理器和实体管理器集中在一起，并显示在主界面上，充分体现了新版本对加工操作和实体设计的高度重视，事实上这两者也是整个系统的关键所在。刀具路径管理器对已经产生的刀具参数进行修改，如重新选择刀具大小及形状、修改主轴转速及进给率等，而实体管理器则能够修改实体尺寸、属性及重排实体构建顺序等。

8. 提示栏

当用户选择一种功能时，在绘图区会出现一个小的提示栏，它引导用户怎样完成刚选择的功能。例如，当用户执行【绘图】→【线】→【绘制任意线】命令时，在绘图区会弹出【指定第一个端点】提示栏。

1.1.3 图层管理

图层是用户用来组织和管理图形的一个重要工具，用户可以将图素、尺寸标注、刀具路径等放在不同的图层里，这样在任何时候都很容易地控制某图层的可见性，从而方便地修改该图层的图素，而不会影响其他图层。在状态栏中单击 层别 1 ▼ 按钮，会弹出如图 1-14 所示【层别管理】对话框。

图 1-14 【层别管理】对话框

1. 新建图层

在【层别管理】对话框中，用户可以在【主层别】的【层别号码】文本框中输入一个层号，并在【层别名称】文本框中输入图层的名称，然后按 Enter 键，就新建了一个图层。

2. 设置当前层

当前层是指当前用于操作的层，此时用户所有创建的图素都将放在当前层中，在 Mastercam 中，有两种方式设置图层为当前层：

（1）在图层列表中，单击图层编号即可将该层设置为当前层。

（2）在状态栏的【层别】下拉列表中选择或输入当前层号，从而将该层设置为当前层。

3. 显示或隐藏图层

如果想要将某图层的图素不可见，用户就需要隐藏该图层。单击图层所在行与【突显】栏相交的单元格，就可以显示或隐藏该图层，此时可见【x】被去除，如果再次单击则重新显示该图层。

📖 1.1.4　选择方式

在对图形进行创建、编辑修改等操作时，首先要求选择图形对象。Mastercam 的自动高亮显示功能使得当鼠标掠过图素时，其显示改变，从而使得图素的选择更加容易。同时，Mastercam 还提供了多种图素的选择方法，不仅可以根据图素的位置进行选择（如单击、窗口选择等方法），而且还能够对图素按照图层、颜色和线型等多种属性进行快速选定。

图 1-15 所示为普通选择工具栏。在二维建模和三维建模中，这个工具栏被激活的对象是不同的，但其基本含义相同。该工具栏中主要选项的含义已经在图中注明，下面只对选择方式进行简单介绍。

图 1-15　普通选择工具栏

1. 选择串连

该方法可以选取一系列的串连在一起的图素，对于这些图素，只要选择其中任意一条，系统就会根据拓扑关系自动搜索相连的素有图素，并选中之。

2. 窗选

该方法是在绘图区中框选矩形的范围来选取图素的，可以使用不同的窗选设置，其中：视窗内表示完全处于窗口内的图素才被选中；视窗外表示完全处于窗口外的图素才被选中；范围内表示处于窗口内且与窗口相交的图素都被选中；范围外表示处于窗口外且与窗口相交的图素被选中；交点表示只与窗口相交的图素才被选中。

3. 选择多边形

该方法和窗选类似，只不过选择的范围不再是矩形，而是多边形区域，同样也可以使用窗选设置。

4.选择单体

该方法是最常用的选择方法，单击图素则该图素被选中。

5.区域选择

与串连选择类似，但范围选择不仅要首尾相连，而且还必须是封闭的。区域选择的方法是在封闭区域内单击一点，则选中包围点的形成封闭的所有图素。

6.向量

可以在绘图区连续指定数点，系统将这些点之间按照顺序建立矢量，则与该矢量相交的图素被选中。

📖 1.1.5 串连

串连常被用于连接一连串相邻的图素，当执行修改、转换图形或生成刀具路径选取图素时均会被使用到。串连有两种类型：开式串连和闭式串连。开式串连是指起始点和终止点不重合，如直线，圆弧等；闭式串连是指起始点和终止点重合，如矩形、圆等。

执行串接图形时，要注意图形的串接方向，尤其是规划刀具路径时更为重要，因为它代表刀具切削的行走方向，也作为刀具补正偏移方向的依据。在串连图素上，串连的方向用一个箭头标识，且以串连起点为基础。

在使用【拉伸实体】【钻孔】等命令后，将首先弹出【串连选项】对话框，如图 1-16 所示，利用该对话框可以在绘图区选择待操作的串连图素，然后设置相应的参数后完成操作。【串连选项】对话框中的各选项的含义如下：

图 1-16　【串连选项】对话框

　　(串连)：这是默认的选项，通过选择线条链中的任意一条图素而构成串连，如果该线条的某一交点是由 3 个或 3 个以上的线条相交而成，此时系统不能判断该往哪个方向搜寻，此时，系统会在分支点处出现一个箭头符号，提示用户指明串连方向，用户可以根据需要选择合适的分支点附近的任意线条确定串连方向。

　　(单点)：选取单一点作为构成串连的图素。

　　(窗选)：使用鼠标框选封闭范围内的图素构成串连图素，且系统通过窗口的第一个角点来设置串连方向。

　　(区域)：使用鼠标选择在一边界区域中的图素作为串连图素。

　　(单体)：选择单一图素作为串连图素。

　　(多边形)：与窗口选择串连的方法类似，它用一个封闭多边形来选择串连。

　　(向量)：与向量围栏相交的图素被选中构成串连。

　　(部分串连)：它是一个开式串连，由整个串连的一部分图素串连而成，部分串连先选择图素的起点，然后再选择图素的终点。

　内　　▼　(选取方式)：用于设置窗口、区域或多边形选取的方式，包括 5 种情况。

【内】，即选取窗口、区域或多边形内的所有图素；【内＋相交】，即选取窗口、区域或多边形内以及与窗口、区域或多边形相交的所有图素；【相交】，即仅选取与窗口、区域或多边形边界相交的图素；【外＋相交】，即选取窗口、区域或多边形外以及与窗口、区域或多边形相交的所有图素；【外】，即选取窗口、区域或多边形外的所有图素。

　　⟷（反向）：更改串连的方向。

　　⸸（选项）：选择设置串连的相关参数。

📖 1.1.6　构图平面及构图深度

　　构图平面是用户绘图的二维平面，即用户要在 XY 平面上绘图，则构图平面必须是顶面或底面（亦即俯视或仰视），如图 1-17 所示。同样，要在 YZ 平面上绘图，则构图平面必须为左侧或右侧（亦即左侧视或右侧视），要在 ZX 平面上绘图，则构图平面必须设为前面或后面（亦即前视或后视）。默认的构图平面为 XY 平面。

　　当然即使在某个平面上绘图，具体的位置也可能不同，如图 1-18 所示，虽然三个二维图素都平行于 XY 平面，但其 Z 方向的值却不同。在 Mastercam 中，为了区别平行于构图平面的不同面，采用构图深度来区别。

图 1-17　构图平面示意图　　　　　　图 1-18　构图深度示意图

1.2　系统配置

　　Mastercam 系统的配置主要包括内存设置、公差设置、文件参数设置、传输参数设置和工具栏设置等内容，执行【设置】→【系统配置】命令，用户就可以根据需要对相应的选项进行设置，图 1-19 所示为【系统配置】对话框。

　　每个选项卡都具有三个按钮：🗁 为打开系统配置文件按钮；🖫 为保存系统配置文件按钮，用于将更改的设置保存为默认设置，建议用户将原始的系统默认设置文件备份，避免错误的操作后而无法恢复；🖬 为合并系统配置文件按钮。

📖 1.2.1　公差设置

　　单击【系统配置】对话框中主题栏里的【公差】选项，弹出如图 1-20 所示对话框。公差设置是指设定 Mastercam 在进行某些具体操作时的精度，如设置曲线、曲面的光滑程度等。精度越高，所产生的文件也就越大。各项设置的含义如下：

图 1-19 【系统配置】对话框   图 1-20 公差设置选项

【系统公差】：决定系统能够区分的两个位置之间的最大距离，同时也决定了系统中最小的直线长度，如果直线的长度小于该值，则系统认为直线的两个端点是重合的。

【串连公差】：用于在对图素进行串连时，确定两个端点不相邻的图素仍然进行串连的最多距离，如果图素端点间的距离大于该值，则系统无法将图素串连起来。

串连是一种选择对象的方式，该方式可以选择一系列的连接在一起的图素。Mastercam 系统的图素是指点、线、圆弧、样条曲线、曲面上的曲线、曲面、标注，还有实体，或者说，屏幕上能画出来的东西都称为图素。图素具有属性，Mastercam 为每种图素设置了颜色、层、线型（实线、虚线、中心线）、线宽等 4 种属性，对点还有点的类型属性，这些属性可以随意定义，定义后还可以改变。串连有开放式和封闭式两种类型。对于起点和终点不重合的串连称为开放式串连，重合的则称为封闭式串连。

【平面串联公差】：用于设定平面串联几何图形的公差值。

【最短圆弧长】：设置最小的圆弧尺寸，从而防止生成尺寸非常小的圆弧。

【曲线最小步进距离】：设置构建的曲线形成加工路径时，系统在曲线上单步移动的最小距离。

【曲线最大步进距离】：设置构建的曲线形成加工路径时，系统在曲线上单步移动的最大距离。

【曲线弦差】：设置系统沿着曲线创建加工路径时，控制单步移动轨迹与曲线之间的最大误差值。

【曲面最大误差】：设置从曲线创建曲面时的最大误差距离。

【刀具路径公差】：用于设置刀具路径的公差值。

1.2.2 颜色设置

单击【系统配置】对话框中主题栏里的【颜色】选项，弹出如图 1-21 所示的对话框，大部分的颜色参数按系统默认设置即可，对于要设置绘图区背景颜色时，可选取工作区背景颜色，然后在右侧的颜色选择区选择所喜好的绘图区背景颜色。

图 1-21 颜色选项设置

📖1.2.3 串连设置

单击【系统配置】对话框中主题栏里的【串连选项】选项，弹出如图 1-22 所示的对话框，建议初学者使用默认选项。

图 1-22 串连选项选项

📖1.2.4 着色设置

单击【系统配置】对话框中主题栏里的【着色】选项，弹出如图 1-23 所示的对话框，在此对话框中可设置曲面和实体着色方面的参数。

【启用着色】：选择此复选框，系统启用着色功能。

【所有图素】：选择此复选框，将对所有曲面和实体进行着色，否则需要选择进行着色的曲面或实体。

【颜色】：

（1）【原始图形颜色】：选择此项，曲面和实体着色的颜色与其本身原颜色相同。

（2）【选择颜色】：选择此项，所有曲面和实体以单一的所选颜色进行着色显示。

（3）【材质】：选择此项，所有曲面和实体以单一的所选材质颜色进行着色显示。

图 1-23　着色选项

【实体着色参数】：

（1）【隐藏线显示的亮度%】：此栏用于输入实体隐藏线的显示亮度值。

（2）【放射式显示弧线角度】：此栏用于输入实体径向显示线之间的角度，角度越小实体径向显示线越多。

【光源设置】：通过滑块控制可以设置环境灯光的强度。

【光源】：系统提供了 9 盏灯供用户配置，任意选一盏灯后，用户可以对光源类型、强度和颜色等参数进行调配。

1.2.5　刀具路径设置

单击【系统配置】对话框中主题栏里的【刀具路径管理器】选项，弹出如图 1-24 所示的对话框，在此对话框中可设置刀具路径方面的参数。

【刀具路径显示的设置】：设置刀具路径是步进模拟，还是持续模拟；是要动态显示，还是静止显示。步进模拟是让刀具路径一步步显示，持续模拟是从头到尾连续不断地显示出刀具的加工工程。静止显示时指刀具在刀具路径的每一点上都显示，动态显示是指刀具路径在每一点上先显示，然后消失。

【缓存】：设置缓存的大小。

【删除记录文件】：设置删除生成记录的准则。

图 1-24　刀具路径选项设置

入门实例

本节选取了一个简单的产品，如图 1-25 所示，来介绍 Mastercam 软件中的产品设计到模具制造加工操作过程。

1.3.1 产品设计

 光盘\视频教学\第1章\产品设计.avi

操作步骤如下：

01 创建矩形。启动 Mastercam X7 软件，进入主界面后，执行【绘图】→【矩形形状设置】命令，弹出【矩形选项】对话框，然后根据图 1-26 所示步骤进行操作。

图 1-25　产品图

图 1-26　创建矩形

02 变换视角。在【图形视角】工具条中单击【等视图】 按钮将视角切换到等角视图。

03 挤出实体。执行【实体】→【挤出实体】命令，弹出【串连选项】对话框，然后按图 1-27 所示步骤进行操作。

图 1-27　挤出操作步骤

04 顶面各边倒圆角。执行【实体管理器】→【圆角】→【倒圆角】命令，然后根据图 1-28 所示步骤进行操作。

图 1-28　顶面各边倒角操作步骤

05 抽壳。执行【实体管理器】→【抽壳】命令，然后根据图 1-29 所示步骤操作。

06 保存文件。执行【文件】→【保存】命令，弹出【另存为】对话框。设置保存的路径，然后在文件名文本框中输入【产品】，并单击【保存】按钮保存文件。

图 1-29　抽壳操作步骤

📖 1.3.2　模具设计

 　光盘\视频教学\第1章\模具设计.avi

操作步骤如下：

01 调入设计好的产品文件。执行【文件】→【打开文件】命令，在弹出的【打开】对话框中选择【光盘\源文件\第 1 章\1.3.1 产品设计.MCX-7】文件，然后单击【打开】按钮打开文件。

02 对产品比例缩放。执行【转换】→【比例缩放】命令，绘图区窗口会显示 比例: 选取图素去缩放 提示，然后根据图 1-30 所示步骤进行操作。

03 曲面层别设置。在状态栏的【层别】选项中单击，弹出【层别管理】对话框，接着在【层别号码】文本框中输入 2，在【名称】文本框中输入【曲面】，然后单击 ✓ 按钮退出对话框，此时状态栏层别项中已显示 2，具体操作过程如图 1-31 所示。

04 执行【绘图】→【曲面】→【由实体生成曲面】命令，接着选择全部实体特征，单击 Enter 键使实体特征转换为曲面特征。转换后的曲面特征放置在【层别管理】对话框的第 2 层，操作过程及显示如图 1-32 所示。

图 1-30　比例缩放操作步骤

图 1-31　曲面层别设置

图 1-32　曲面层别操作

05 在状态栏的【层别】选项中单击鼠标右键，系统提示选择要改变层别的图素，在【普通选项】工具条中单击 全部… 按钮，弹出【全选】对话框，勾选选取图素和线架构复选项，并单击 ✓ 按钮退出对话框。接着按 Enter 键，弹出【更改层别】对话框，设置参数及选项如图 1-33 所示，然后单击 ✓ 按钮确定改变层别，操作过程如图 1-33 所示。

06 在状态栏的【层别】选项中单击，弹出【层别管理】对话框，接着在【突显】中取消选中层别 1，然后单击 ✓ 按钮确定隐藏层别 1。

07 在【着色】工具条中单击【图形着色】 ● 按钮将图形进行着色处理。

图 1-33　图素改变层别操作

08 在状态栏的【系统颜色】选项中单击鼠标右键，系统提示选择要改变颜色的图素，选择产品外部所有的曲面，接着按 Enter 键，弹出【颜色】对话框，在【当前颜色】文本框中输入 3，然后单击 ✔ 按钮确定改变颜色，具体操作过程如图 1-34 所示。

图 1-34　改变颜色操作

09 在【平面】工具条中单击【T 俯视图（WCS）】 按钮，将构图面切换到俯视图。

10 平移操作。按 F9 键显示原点坐标轴，接着执行【转换】→【平移】命令，接下来根据图 1-35 所示步骤操作。

11 镜像操作。按 F9 键隐藏原点坐标轴，接着执行【转换】→【镜像】命令，接下来根据图 1-36 所示步骤操作。

图 1-35　平移操作

12 在绘图区空白处单击鼠标右键，在弹出的快捷菜单中选择【清除颜色】命令清除颜色。

图 1-36　镜像操作

13 光标放在状态栏的【层别】选项上单击，弹出【层别管理】对话框，接着选择编号为 3 的图层使其为当前层，隐藏编号为 2 的图层，然后单击✔按钮退出对话框，具体操作步骤如图 1-37 所示。

14 执行【绘图】→【矩形形状设置】命令，弹出【矩形选项】对话框，接下来根据图 1-38 所示步骤操作。

15 光标放在状态栏的【层别】选项上单击，弹出【层别管理】对话框，接着在【层别号码】文本框中输入 4，在【名称】文本框中输入【型腔】，然后单击✔按钮退出对话框。

16 在状态栏的【系统颜色】选项中单击，弹出【颜色】对话框，接着在【当前颜色】文本框中输入 7，然后单击 ✓ 按钮退出对话框。

图 1-37　换层操作

图 1-38　绘制矩形操作

17 创建修剪平面。执行【绘图】→【曲面】→【平面修剪】命令，弹出【串连选项】对话框，接着依次选择 3 个矩形截面，然后单击【串连选项】对话框中的 ✓ 按钮创建修剪平面，接着单击状态栏中的 ✓ 按钮，具体操作过程如图 1-39 所示。

18 在状态栏的【层别】选项中单击，弹出【层别管理】对话框，接着在【突显】中选中编号为 2 的图层，隐藏编号为 3 的图层，然后单击 ✓ 按钮退出对话框，结果如图 1-40 所示。

19 光标放在状态栏的【层别】选项上单击鼠标右键，系统提示选择要改变图层的图素，在【普通选项】工具条中单击 全部… 按钮，弹出【全选】对话框，勾选颜色选项和选中 3 号颜色，并单击 ✓ 按钮退出对话框。接着按 Enter 键，弹出【更改层别】对话框，设置参数及选项如图 1-41 所示，然后单击 ✓ 按钮确定改变层别。

20 光标放在状态栏的【层别】选项上单击鼠标右键，系统提示选择要改变层别的图素，在【普通选项】工具条中单击 全部… 按钮，弹出【全选】对话框，勾选颜色选项，以及按住 Ctrl 键选中 7 和 3 号颜色，并单击 ✓ 按钮退出对话框。接着按 Enter 键，弹出【更改层别】对话框，设置参数及选项如图 1-42 所示，然后单击 ✓ 按钮确定改变层别。

图 1-39　创建修剪平面操作

图 1-40　显示图层结果　　图 1-41　设置改变层别参数及选项 1　　图 1-42　设置改变层别参数及选项 2

21 在状态栏的【层别】选项上单击，弹出【层别管理】对话框，接着在【层别号码】文本框中输入 5，在【名称】文本框中输入【型芯】，然后取消编号为 2 和 4 的图层的选中，最后单击 ✓ 按钮退出对话框并显示型芯，结果如图 1-43 所示。

22 光标放在状态栏的【层别】选项上单击，弹出【层别管理】对话框，接着在【层别号码】文本框中输入 4，隐藏编号为 5 的图层，然后单击 ✓ 按钮退出对话框并显示型腔，结果如图 1-44 所示。

图 1-43　结果　　　　　　　　　　　　　图 1-44　型腔结果

23 执行【文件】→【另存文件】命令，在弹出的【另存为】对话框中设置保存的路径，在【文件名】文本框中输入【1.3.2 模具设计】，并单击【保存】⊞按钮保存文件。

1.3.3 型腔刀具路径编程

光盘\视频教学\第1章\型腔刀具路径编程.avi

操作步骤如下：

01 加工工艺分析。从图中可以看出，此型腔结构较简单，成型尺寸要求不高，但表面要求光滑，所以型腔材料采用 718 钢。根据型腔的形状，首先使用曲面挖槽粗加工功能进行粗加工，加工余量为 0.25mm，接着使用等高外形精加工功能对深槽的四周曲面进行精加工，然后用曲面挖槽粗加工功能对型腔底面进行光刀，这样便完成了型腔加工。

02 根据型腔的结构形式、材料硬度及尺寸等，为了提高加工效率采用 ϕ10 硬质合金平底刀进行型腔开粗，表 1-1 列出了曲面挖槽粗加工的加工参数。

表 1-1 曲面挖槽粗加工的加工参数

工件材料	ALUMINUM mm - 2024	切削深度	0.3mm
刀具材料	高速钢—HSS	XY 进给率	1200mm/min
刀具类型	平底刀	Z 进给	1000mm/min
刀具刃数	4	主轴转速	3000r/min
刀具直径	10mm	提刀速度	3000mm/min
刀角半径	/	预留量	0.25

❶执行【文件】→【打开文件】命令，在弹出的【打开】对话框中选择【光盘\源文件\第 1 章\1.3.2 模具设计.MCX-7】文件，然后单击【打开】 按钮打开文件，如图 1-45 所示。

图 1-45 型腔模具

❷在【平面】工具条中单击【R 右视图（WCS）】 按钮将构图面切换到右视图。

❸执行【转换】→【旋转】命令，接着根据图 1-46 所示步骤进行操作。

❹执行【机床类型】→【铣床】→【默认】命令，设置机床类型及加工群组。

❺在【操作管理】中设置材料，单击界面左侧【操作管理器】中的刀具路径选项，接

着光标放置在属性栏中的素材设置上单击，弹出【机器群组属性】对话框，填入参数，具体操作如图 1-47 所示。

图 1-46　旋转型腔模具操作

图 1-47　设置模具坯料尺寸

❻在状态栏中【层别】选项中单击，弹出【层别管理】对话框，接着在【层别号码】文本框中输入 3，在【名称】文本框中输入【线架】，并隐藏编号为 4 的图层，然后单击 ✅ 按钮退出对话框并显示线架，结果如图 1-48 所示。

图 1-48　线架结果显示

❼在【平面】工具条中单击【T 俯视图 （WCS）】 按钮将构图面切换到俯视图，然后执行【转换】→【平移】命令，具体操作根据图 1-49 所示进行。

图 1-49　平移操作步骤

❽在状态栏的【层别】选项上单击，弹出【层别管理】对话框，接着选中编号为【4】的图层，然后单击 按钮退出对话框并显示型腔。

❾执行【刀具路径】→【曲面粗加工】→【粗加工挖槽加工】命令，具体操作根据图 1-50 所示进行。

图 1-50　选择加工图素及边界

❿操作完图 1-50 所示的步骤后，弹出【曲面粗加工挖槽】对话框，具体操作根据图 1-51 所示步骤进行操作。

⓫操作完图 1-51 所示的步骤后，单击【曲面参数】选项卡，并设置参数及选项如图 1-52 所示。

⓬单击【粗加工参数】选项卡，然后设置参数及选项如图 1-53 所示。

⓭在粗加工参数对话框中单击 螺旋式下刀 按钮，弹出【螺旋/斜插下刀参数】对话框，接着单击【斜插】选项卡，参数设置如图 1-54 所示。

图 1-51　新建刀具操作步骤

图 1-52　设置曲面参数及选项

图 1-53　设置粗加工参数及选项

图 1-54　斜插下刀参数设置

⑭单击【确定】按钮退出对话框，再单击 切削深度 (D) 按钮，弹出【切削深度设设置】对话框，然后设置参数及选项如图 1-55 所示。

⑮单击【切削深度的设定】对话框中的 ✓ 按钮退出对话框，再单击 间隙设置 (G)... 按钮，弹出【刀具路径的间隙设置】对话框，然后设置参数及选项如图 1-56 所示。

⑯单击 ✓ 按钮退出对话框，接着单击【挖槽参数】选项卡，并设置参数及选项如图 1-57 所示。

⑰勾选【曲面粗加工挖槽】对话框中 进/退刀向量 的复选框，然后单击【L 进/退刀向量】按钮，弹出【进/退刀设置】对话框，接着设置参数及选项如图 1-58 所示。

⑱单击 ✓ 按钮退出对话框，接着在【曲面挖槽粗加工】对话框中单击 ✓ 按钮，系统开始进行曲面挖槽粗加工刀路计算，结果如图 1-59 所示。

图 1-55　切削深度参数设置　　　　　　　　图 1-56　刀具路径间隙参数设置

图 1-57　挖槽参数设置

图 1-58　进/退刀向量设置　　　　　　　　图 1-59　曲面挖槽粗加工刀具路径结果

03 等高外形精加工。根据型腔的结构形式、材料硬度及残余余量等，采用 $\phi8$ 硬质合金平底刀进行型腔精加工，表 1-2 列出了等高外形精加工的加工参数。

表 1-2 等高外形精加工的加工参数

工件材料	ALUMINUM mm - 2024	切削深度	0.25mm
刀具材料	高速钢—HSS	XY 进给率	1000mm/min
刀具类型	平底刀	Z 进给率	900mm/min
刀具刃数	4	主轴转速	2000r/min
刀具直径	8mm	提刀速度	2000mm/min
刀具半径	/	预留量	0mm

❶按 Alt+T 组合键隐藏刀具路径，接着执行【刀具路径】→【曲面精加工】→【精加工等高外形】命令，然后根据图 1-60 所示操作。

图 1-60   选择加工图素及边界

❷单击【刀具路径的曲面选取】对话框中的 ✓ 按钮后，弹出【曲面精加工等高外形】对话框，然后根据图 1-61 所示进行操作。

❸单击 ✓ 按钮后，单击【曲面参数】选项卡，并设置参数及选项如图 1-62 所示。

❹单击【等高外形精加工参数】选项卡，然后设置参数及选项如图 1-63 所示。

❺单击 切削深度(D) 按钮，弹出【切削深度设置】对话框，然后设置参数及选项如图 1-64 所示。

❻单击【切削深度设置】对话框中的 ✓ 按钮退出对话框，再单击 高级设置(E)... 按钮，弹出【高级设置】对话框，然后设置参数及选项如图 1-65 所示。

❼单击【高级设置】对话框中的 ✓ 按钮退出对话框，然后在【曲面精加工等高外形】对话框中单击 ✓ 按钮，系统开始进行等高外形半精加工刀路计算，结果如图 1-66 所示。

04 底面挖槽精加工

根据型腔的结构形式、材料硬度及底部残余余量等，采用 $\phi8$ 硬质合金平底刀进行型腔精加工，表 1-3 列出了底面挖槽精加工的加工参数。

图 1-61　新建刀具操作步骤

图 1-62　曲面加工参数设定

图 1-63　等高外形精加工参数设定

图 1-64　切削深度参数及选项

图 1-65　曲面加工参数设定

图 1-66　等高外形精加工刀具路径结果

表 1-3　底面挖槽精加工的加工参数

工件材料	ALUMINUM mm - 2024	切削深度	0.1mm
刀具材料	高速钢—HSS	XY 进给率	450mm/min
刀具类型	平底刀	Z 进给率	450mm/min
刀具刃数	4	主轴转速	1200r/min
刀具直径	8mm	提刀速度	1500mm/min
刀具半径	/	预留量	0mm

❶执行【刀具路径】→【曲面粗加工】→【粗加工挖槽加工】命令，然后根据图1-67所示进行操作。

图1-67　选择加工图素及边界

❷单击 ✓ 按钮后，弹出【曲面粗加工挖槽】对话框，接着在刀具参数栏中选择刀具号码为2的刀具，接着再设置参数，具体操作过程如图1-68所示。

图1-68　刀具参数设置

❸单击【曲面参数】选项卡，然后设置参数及选项如图1-69所示。

❹单击【粗加工参数】选项卡，然后设置参数及选项如图1-70所示。

❺单击 斜插式下刀 按钮，弹出【螺旋/斜插式下刀参数】对话框，接着单击【斜降下刀】标签，设置参数及选项如图1-71所示。

图 1-69　曲面加工参数设置

图 1-70　粗加工参数设置

图 1-71　斜插下刀参数设置

❻单击 ✔ 按钮退出对话框，再单击 切削深度(D) 按钮，弹出【切削深度的设定】对话

框，然后设置参数及选项如图 1-72 所示。

图 1-72　切削深度参数设置

❼单击 ✓ 按钮退出对话框，接着单击【挖槽参数】选项卡，并设置参数及选项如图
1-73 所示。

图 1-73　挖槽参数设置

❽单击 ✓ 按钮退出对话框，然后在【曲面粗加工挖槽】对话框中单击 ✓ 按钮，系
统开始进行曲面挖槽粗加工刀路计算，结果如图 1-74 所示。

图 1-74　曲面挖槽粗加工刀具路径结果

05 仿真加工

❶对已产生的刀具路径进行仿真加工，具体操作步骤如图 1-75 所示。

❷在【文件】工具条中单击【保存】 按钮保存文件。

图 1-75 加工仿真操作

1.4 思考与练习

1. Mastercam X7 软件由哪几个模块组成？试述各模块的功能。

2. Mastercam X7 软件中系统的背景颜色、图形颜色、线型等如何设置？

3. 如何设置图层、编辑层、突显层等？

4. 选择图素的基本模式有几种？最常用的是哪两种模式？

5. 工作窗口中构图面、视图面、绘图深度的概念是什么？如何操作？

1.5 上机操作与指导

1. 启动 Mastercam X7 软件，熟悉窗口界面。

2. 将 Mastercam X7 系统的背景颜色设置为白色、图素颜色设置为黑色、线性设置为虚线、线宽设置为第一种。

3. 在屏幕上显示栅格，栅格大小为 200、间距为 100。

4. 分别以不同的构图深度，例如 z=10、20、30 等，绘制直线，接着将视角转换为等角视角，来观察这些直线所处的位置。

第 **2** 章

二维图形绘制

本章主要介绍 Mastercam X7 系统的二维图形绘制操作方法。包括点、线、圆弧、矩形、多边形等基本图形绘制。

通过本章的学习，可以帮助读者初步掌握 Mastercam 的二维绘图绘制功能。

- 点的绘制
- 线的绘制
- 圆弧的绘制
- 矩形的绘制
- 曲线的绘制

2.1 点的绘制

点是几何图形的最基本图素。各种图形的定位基准往往是各种类型的点，如直线的端点、圆或弧的圆心等。点和其他图素一样具有各种属性，同样可以编辑它的属性。Mastercam X7 软件提供了 6 种绘制点的方式，要启动【绘点】功能，可执行【绘图】→【绘点】命令，也可以单击【草绘】工具栏中的 ✚· 下拉按钮选择其中一个命令来选择绘制点的方式。

2.1.1 绘点

启动【绘点】功能后，单击【绘点】命令，就能够在某一鼠标指定位置绘制点（包括端点、中点、交点等位置，但要求事先设置好光标自动捕捉功能，如图 2-1 所示），也可以直接在自动抓点 ▢ -120.689 ▾ ▢ 39.40887 ▢ Z 0.0 ✚🔔✕·？ 中输入点的坐标，接着双击 Ribbon 工具栏中的 ✔ 按钮（执行绘制二维图形命令后，系统自动弹出 Ribbon 工具栏），即可在所需位置绘出点。用户还可以单击 ✚³ 按钮，则坐标输入栏改变了输入方式，接着用户可按照【21,35,0】或者【X21Y35Z0】格式直接输入要绘制点的坐标，然后按 Enter 键，再单击 ✔ 按钮，所需的点将会显示在绘图区中。

单击坐标栏中的 ▢X、▢Y、▢Z 按钮，系统将锁定相应的坐标值，而不能再进行修改，即绘出的点在该坐标轴上将具有相同的坐标值。再次单击将解除锁定。

在绘制完一个点后，如果用户单击 ✚¹ 按钮，将表示对最近绘制的点进行重绘。该功能在进行图形绘制时十分有用。以三点法画圆为例，✚¹ 表示绘制的 2、3 点不动，只对第 1 点进行修改，重新获得一个新的圆；✚² 表示 1、3 点不动，只对第 2 点进行修改，重新获得一个新的圆；✚³ 表示 1、2 点不动，只对第 3 点进行修改，重新获得一个新的圆。依次类推，该功能通过对选择点进行重新绘制而保持其余点不变来生成新的图素。

单击【自动抓点】栏中 ✕·图标右边的下拉三角按钮，系统弹出如图 2-2 所示的下拉列表，用于实现圆弧中心、端点、原点、交点、中点和等分点的捕捉。

图 2-1　设置点捕捉功能

图 2-2　选取捕捉类型

2.1.2 动态绘点

动态绘点指的是沿已有的图素，如直线、圆弧、曲线、曲面等，通过在其上移动的箭头来动态生成点，换句话说是，生成点是根据图素上某一点的位置来确定的。

【例2-1】 在曲线上动态绘点。

光盘\视频教学\第2章\在曲线上动态绘点.avi

操作步骤如下：

01 执行【绘图】→【手动控制】→【动态绘点】命令，在 Ribbon 工具栏上弹出【选取直线，圆弧，曲线，曲面或实体面】信息。

02 用鼠标选择图 2-3 所示的曲线，接着在曲线上出现一动态移动的箭头，箭头所指方向是曲线的正向，也是曲线的切线方向，箭头的尾部即是将要确定点的位置。

03 用鼠标移动曲线上的箭头，待箭头尾部的十字到所需位置后单击，曲线上显示出绘制的点。

04 单击 Ribbon 工具栏上的 ✔ 按钮或者按 Esc 键，退出动态绘点操作。

以上步骤如图 2-3 所示。

图 2-3 动态绘点示例

动态点位置也可根据图素零点的相对距离和该点正法线方向的偏移距离来确定。方法是，在动态绘点 Ribbon 工具栏的 ➡ 41.9545 ▼ 栏中输入与图素零点相对的距离值，在 ↦ 0.0 ▼ 栏中输入法线偏离值。

2.1.3 绘制曲线节点

曲线节点绘制是指绘制样条曲线的原始点或控制点，借助节点，可以对参数曲线的外形进行修整。

【例2-2】 在曲线上绘制节点。

光盘\视频教学\第2章在曲线上绘制节点.avi

操作步骤如下：

01 执行【绘图】→【手动控制】→【曲线节点】命令，在 Ribbon 工具栏上弹出【选取直线，圆弧，曲线，曲面或实体面】信息。

02 用鼠标选择图 2-4 所示的曲线，完成曲线节点的绘制。

绘制参数节点的具体操作步骤如图 2-4 所示。

图 2-4　绘制曲线节点的操作

2.1.4　绘制等分点

绘制等分点是指在几何图素上绘制几何图素的等分点。包括按等分点数绘制等分点和按等分间距绘制等分点两种形式。

【例 2-3】　在曲线上按等分点数绘制等分点。

 光盘\视频教学\第2章\在曲线上按等分点数绘制等分点.avi

操作步骤如下：

01 执行【绘图】→【手动控制】→【绘制等分点】命令，在 Ribbon 工具栏上弹出【沿一图素画点：请选择图素】信息。

02 选取所要绘制等分点的几何图形。

03 在绘制剖切点 Ribbon 工具栏的 ⌗ 0.0 ▾⬍等分数的输入栏中输入等分点个数为 5。

04 按 Enter 键，则几何图素上绘制出了等分点。

05 单击 Ribbon 工具栏的 ✓ 按钮，完成操作。

按等分点数绘制等分点的具体操作过程如图 2-5 所示。

按等分间距绘制等分点的绘制步骤同按等分点数绘制剖切点步骤，在此不再赘述。具体操作过程如图 2-6 所示。

图 2-5　等分点数绘制剖切点的操作

图 2-6　等分间距绘制剖切点的操作

2.1.5　绘制端点

执行【绘图】→【手动控制】→【端点】命令，系统自动选择绘图区内的所有几何图形并在其端点处产生点。

2.1.6　绘制小圆心点

绘制小圆心点指的是绘制小于或等于指定半径的圆或弧的圆心点。

【例 2-4】绘制小圆心点。

　光盘\视频教学\第2章\绘制小圆心点.avi

操作步骤如下：

01 执行【绘图】→【手动控制】→【小圆心点】命令，在 Ribbon 工具栏上弹出【选取弧/圆，按 Enter 键完成】信息。

02 在小圆心点 Ribbon 工具栏的半径输入栏 中输入半径值为 20。

03 如果要绘制弧的圆心点，可以再次单击 按钮。

04 选择要绘制圆心的几何图素。

05 按 Enter 键，完成小圆心点的绘制。

具体操作步骤如图 2-7 所示。如果在绘制完圆心后要求删除原几何图素，则在选择几何图素前单击 Ribbon 工具栏的 按钮。

图 2-7　绘制小弧圆心的操作

完成图 2-7 的操作后，读者会发现半径值大于 20 的圆未画出圆心，这是因为半径设定值为 20，则系统仅画出半径值小于和等于 20 的弧或圆的圆心。

2.2 线的绘制

Mastercam X7 软件提供了 6 种直线的绘制方法，要启动线绘制功能，可选择菜单栏中的【绘图】→【线】命令，系统弹出子菜单命令，其中的每一个命令均代表一种直线的绘制方法。也可以单击【草绘】工具栏中的 ＼·下拉按钮来选择直线的绘制方法。

2.2.1　绘制任意线

绘制任意线命令能够绘制水平线、垂直线、极坐标线、连续线或切线。执行【绘图】→【线】→【绘制任意线】命令，系统启动绘制任意线 Ribbon 工具栏，如图 2-8 所示。

图 2-8　绘制任意线 Ribbon 工具栏

绘制任意线 Ribbon 工具栏中各按钮的用途如下：

（1）单击 按钮，可创建一组首尾相连的直线，按 Esc 键结束绘制操作。

（2）在按钮 右侧的文本框中可输入直线的长度，并可单击 按钮将长度锁定。

（3）在按钮 右侧的文本框中可输入直线与水平位置的夹角，并可单击 按钮将角度锁定。

（4）单击 按钮绘制垂直线，单击按钮 绘制水平线。

（5）单击 按钮可绘制与某一圆或圆弧相切的直线。

【例 2-5】　绘制如图 2-9 所示的几何图形。

光盘\视频教学\第2章\绘制几何图形.avi

图 2-9 绘制几何图形

操作步骤如下：

01 执行【绘图】→【线】→【绘制任意线】命令，在如图 2-10 所示 Ribbon 工具栏中单击【连续线】按钮 。

图 2-10 绘制连续线

02 系统提示【指定第一个端点】，在绘图区任意部位选择一点作为线段的第一个点，接着在 Ribbon 工具栏中的指定长度输入栏中输入 160，按 Enter 键确认，在角度输入栏中输入 270，按 Enter 键确认，具体操作步骤及结果如图 2-11 所示。

03 系统继续提示【指定第二个端点】，接着在 Ribbon 工具栏中的长度输入栏中输入 280，按 Enter 键确认，在角度输入栏中输入 0，按 Enter 键确认。

04 系统继续提示【指定第二个端点】，在 Ribbon 工具栏中的长度输入栏中输入 100，按 Enter 键确认，在角度输入栏中输入 90，按 Enter 键确认。

05 系统继续提示【指定第二个端点】，在 Ribbon 工具栏中的长度输入栏中输入 120，按 Enter 键确认，在角度输入栏中输入 150，按 Enter 键确认。Mastercam 系统是按照逆时针方向来测量角度的，具体操作步骤及结果如图 2-12 所示。

图 2-11 绘制第一条线段　　　　图 2-12 绘制第四条线段线段的操作

06 同样方法，在 Ribbon 工具栏中分别输入长度和角度为（50，180）、（60，270）、（70，180）、（60，90），操作完此步后，结果如图 2-13 所示。

07 系统继续提示【指定第二个端点】，选择第一条线段的端点，如图 2-14a 所示，

接着绘图区显示出图 2-14b 所示的最终结果图形，单击 Ribbon 工具栏中的确认按钮 ✔，
结束绘线操作。

08 执行【文件】→【保存】命令，以文件名【例 2-5】保存文件（此文件将在以
后章节中用到）。

图 2-13 绘制完第八条线段的几何图形　　　　　图 2-14 操作结果

2.2.2 绘制近距线

执行【绘图】→【线】→【绘制近距线】命令，选择两个已有的图素，将绘制出它们
的最近连线。如图 2-15 所示。

图 2-15 近距线示例

2.2.3 绘制两直线夹角间的分角线

【绘制两直线夹角间的分角线】命令用于绘制两条直线交点处引出的角平分线。
【例 2-6】 绘制分角线。

　　　　　光盘\视频教学\第2章\绘制分角线.avi

操作步骤如下：

01 执行【绘图】→【线】→【绘制分角线】命令，弹出分角线 Ribbon 工具栏。
02 依次选择 A 线和 B 线。
03 选择角平分线的某一侧为保留线。
04 在 📊 输入栏中输入角平分线长度为 50。
05 单击 Ribbon 工具栏中的 ✔ 按钮，完成操作。

具体操作步骤如图 2-16 所示。

2.2.4 绘制垂直正交线

【绘制垂直正交线】命令用于绘制与直线、圆弧或曲线相垂直的线。

【例 2-7】 绘制圆弧的垂直正交线。

图 2-16　绘制分角线操作

 光盘\视频教学\第2章\绘制圆弧的垂直正交线.avi

操作步骤如下：

01 执行【绘图】→【线】→【绘制垂直正交线】命令，弹出法线 Ribbon 工具栏。

02 系统提示【选取直线、圆弧或曲线】，选择要绘制垂直正交线的图素，本例中选择弧 A，则在绘图区中生成一条垂直正交线。

03 系统提示【请选择任意点】，在长度输入栏中输入垂直正交线长度为 50。

04 在坐标输入栏中输入垂直正交线或其延长线通过点的坐标为（160，400，0）。

05 按 Enter 键，确定所绘制的垂直正交线。也可用光标在绘图区中指定垂直正交线或其延长线通过的点。

06 单击 Ribbon 工具栏 按钮，完成操作。

以上步骤如图 2-17 所示。

图 2-17　垂直正交线绘制操作

2.2.5　绘制平行线

【绘制平行线】命令用于绘制与已有直线相平行的线段。

【例 2-8】绘制平行线。

光盘\视频教学\第2章\绘制平行线.avi

操作步骤如下：

01 执行【绘图】→【线】→【绘制平行线】命令，弹出绘制平行线 Ribbon 工具栏。

02 单击 Ribbon 工具栏的相切按钮 。

03 系统提示【选取一线】，选择线段 B。系统提示【选择平行线相切的圆弧】，选择圆 A。

04 系统绘制一条与被选中直线相平行的直线且与圆相切的线段。

05 由于与被选中直线相平行的直线且与圆相切的线段有两条，可以单击 Ribbon 工具栏中的 按钮选择需要的一条线段，单击 按钮，完成平行线的绘制。

两平行线长度相等，以上绘制步骤如图 2-18 所示。

图 2-18　相切平行线绘制操作

提示

　在 Ribbon 工具栏的距离输入框 0.0 中输入两平行线间的距离，再利用 来选择平行线在被选中直线的哪一侧或者两侧都绘制的方法，也可绘制平行线。

2.3　圆弧的绘制

　圆弧也是几何图形的基本图素，掌握绘制圆弧的技巧，对快速完成几何图形有关键性作用。Mastercam X7 拥有 7 种绘制圆和圆弧的方法。执行【绘图】→【圆弧】命令，系统弹出子菜单，其中每一个命令均代表一种方法。用户也可以通过单击【草绘】工具栏中的【绘制圆弧】下拉按钮 来选取绘制圆弧的方法。

2.3.1 三点画圆

【三点画圆】指的是通过不在同一条直线上的三点绘制一个圆，它具有 3 点绘圆、2 点绘圆及绘制切圆三种方式。执行【绘图】→【圆弧】→【三点画圆】命令，系统弹出三点画圆的 Ribbon 工具条，如图 2-19 所示。

图 2-19　三点画圆 Ribbon 工具栏

有三种途径可供选择：

1）单击【三点】按钮 后，可连续在绘图区中选取不在同一直线上的三点来绘制一个圆。此法经常用于正多边形外接圆的绘制。

2）单击【二点】按钮 后，可在绘图区中选取两点绘制一个圆，圆的直径就等于所选两点之间的距离。

3）单击【相切】按钮 后，可在绘图区中连续选取两个图素（直线、圆弧、曲线），接着再在【半径】输入栏 或者【直径】输入栏 中输入所绘圆的半径或直径值，系统将会绘制出与所选图素相切且半径值或直径值等于所输入值的圆。此法经常用于正多边形内切圆的绘制。

4）单击 按钮，完成操作。

2.3.2 已知圆心点画圆

圆心加点绘制圆是利用确定圆心和圆上一点的方法绘制出圆。执行【绘图】→【圆弧】→【已知圆心点画圆】命令，系统弹出圆心加点绘制圆的 Ribbon 工具条，如图 2-20 所示。

图 2-20　已知圆心点画圆 Ribbon 工具栏

该方法有两种途径可供选择：

1）在绘图区中，连续选取圆心和圆上一点，或者选取圆心后，在【半径】或【直径】输入栏中输入数值，即可绘制出所要求的圆。

2）单击【相切】按钮 后，系统提示【请输入圆心点】，在绘图区中选定一点，接着系统提示【选取圆弧或直线】，选择所需图素后，系统将绘制出一个圆。所绘制的圆与所选的圆弧或直线相切，且圆心位于所选点处。

单击 按钮，完成操作。

2.3.3 极坐标圆弧

【极坐标圆弧】命令是指通过确定圆心、半径、起始和终止角度来绘制一段圆弧。执行【绘图】→【圆弧】→【极坐标圆弧】命令，系统弹出极坐标圆弧绘制的 Ribbon 工具条，如图 2-21 所示。

具体操作步骤如下：

1）在绘图区中选择一点作为圆心。

2）在【半径】或【直径】输入栏中输入所绘圆弧的半径或直径值。

3）在【起始角度】 输入栏中输入所绘圆弧第一端点的极角。

4）在【终止角度】 输入栏中输入所绘圆弧第二端点的极角。

5）单击【反向】 按钮，选择所绘圆弧的绘制方向。

6）单击 按钮，完成操作。

图 2-21　极坐标绘圆弧 Ribbon 工具栏

 提示

单击 Ribbon 工具栏的【相切】 按钮，可绘制一条与选定图素相切的圆弧，圆弧的起点是两图素相切的切点，圆弧的终止角度输入后，即可绘制出圆弧。

2.3.4　极坐标画弧

极坐标画弧绘制命令是指通过确定圆弧起点或终点，并给出圆弧半径或直径、起始和终止角度的方法来绘制一段弧。执行【绘图】→【圆弧】→【极坐标画弧】命令，系统弹出极坐标画弧绘制的 Ribbon 工具条，如图 2-22 所示。

图 2-22　极坐标画弧 Ribbon 工具栏

该方法有两种途径绘制圆弧：

1）单击【起始点】 按钮，在绘图区中指定一点作为圆弧的起点，接着在【半径】或【直径】输入栏中输入所绘圆弧的半径或直径数值，在【起始角度】和【终止角度】输入栏中分别输入圆弧的起始角度和终止角度。

2）单击【终止点】 按钮，在绘图区中指定一点作为圆弧的终点，接着在【半径】或【直径】输入栏中输入所绘圆弧的半径或直径数值，在【起始角度和【终止角度】输入栏中分别输入圆弧的起始角度和终止角度。

 提示

极坐标画弧，选择弧的起点和终点的方法绘出的圆弧几何图形相同，但弧的方向不同。

2.3.5　两点画弧

【两点画弧】命令是通过确定圆弧的两个端点和半径的方式绘制圆弧。执行【绘图】→【圆弧】→【两点画弧】命令，系统弹出两点画弧的 Ribbon 工具条，如图 2-23 所示。

该方法有两种途径绘制圆弧：

1）在绘图区中连续指定两点，指定的第一点作为圆弧的起点，第二点作为圆弧的终点，接着在 Ribbon 工具栏的【半径】或【直径】输入栏中输入圆弧的半径或直径数值。

2）单击 Ribbon 工具栏的【相切】 ⬦ 按钮，在绘图区中连续指定两点，指定的第一点作为圆弧的起点，第二点作为圆弧的终点，接着在绘图区中指定与所绘圆弧相切的图素。

图 2-23　两点画弧 Ribbon 工具栏

📖 2.3.6　三点画弧

【三点画弧】命令是指通过指定圆弧上的任意 3 个点来绘制一段弧。执行【绘图】→【圆弧】→【三点画弧】命令，系统弹出三点画弧的 Ribbon 工具条，如图 2-24 所示。

图 2-24　三点画弧 Ribbon 工具栏

该方法有两种途径绘制圆弧：

1）在绘图区中连续指定 3 点，则系统绘制出一圆弧。这 3 点分别是圆弧的起点，圆弧上的任意一点，圆弧的终点。

2）单击【相切】 ⬦ 按钮，连续选择绘图区中的 3 个图素（图素必须是直线或者圆弧），则系统绘制出与所选图素都相切的圆弧。

📖 2.3.7　切弧绘制

【切弧】命令是指通过指定绘图区中已有的一图素与所绘制弧相切的方法来绘制弧。执行【绘图】→【圆弧】→【切弧】命令，系统弹出切弧的 Ribbon 工具条，如图 2-25 所示。

图 2-25　切弧绘制 Ribbon 工具栏

该方法有 7 种途径绘制圆弧：

1）单击 ⊙ 按钮，在【半径】或【直径】输入栏中输入所绘圆弧的半径或直径数值，系统提示【选取一个圆弧将要与其相切的图素】，选定后，系统提示【指定切点位置】，确定位置后，系统提示【选取圆弧】，用鼠标选取所需圆弧。

2）单击 ⊙ 按钮，在【半径】或【直径】输入栏中输入所绘圆弧的半径或直径数值，系统提示【选取一个圆弧将要与其相切的图素】，选定后，系统提示【指定经过点】，在绘图区中选取后，系统绘制出所有符合条件的圆弧，系统提示【选取圆弧】，用鼠标选取所需圆弧。

3）单击 ⊖ 按钮，在【半径】或【直径】输入栏中输入所绘圆弧的半径或直径数值，系统提示【选取一个直线将要与其相切的圆弧】，选定后，系统提示【请指定要让圆心经过的线】，选取所需图素后，系统绘制出所有符合条件的圆，系统提示【选取圆弧】，用鼠标选取所需圆。

4）单击 ⬜ 按钮，系统提示【选取一个圆弧将要与其相切的图素】，选定后，在所选图素上出现一个箭头，此箭头可随光标的移动沿图素移动，此时系统提示【移动箭头到要相切的位置】，利用移动的箭头动态选取切点的位置，接下来利用光标动态地在绘图区中选择圆弧的终点。

5）单击 ▣ 按钮，系统提示【选取一个圆弧将要与其相切的图素】，连续在绘图区选择 3 个与所绘圆弧相切的图素，则系统绘制出所需圆弧，圆弧的起点位于所选的第一个图素上，圆弧的终点位于所选的第三个图素上。

6）单击 ▣ 按钮，系统提示【选取一个圆弧将要与其相切的图素】，连续在绘图区选择 3 个与所绘圆弧相切的图素，则系统绘制出所需圆。

7）单击 ▣ 按钮，在【半径】或【直径】输入栏中输入所绘圆弧的半径或直径数值，系统提示【选取一个圆弧将要与其相切的图素】，连续在绘图区中选择两个与所绘圆弧相切的图素，则系统绘制出所需圆弧，圆弧的起点位于所选的第一个图素上，圆弧的终点位于所选的第二个图素上。

【例 2-9】绘制切弧。

 光盘\视频教学\第2章\绘制切弧.avi

操作步骤如下：

01 执行【绘图】→【圆弧】→【切弧】命令，弹出绘制切弧 Ribbon 工具栏。

02 单击 Ribbon 工具栏的【动态切弧】 ▢ 按钮。

03 系统提示【选取一个圆弧将要与其相切的图素】，此时应该选取圆。

04 通过光标选择一点，作为切弧的切点。

05 通过光标选择一点，作为切弧的终点

06 单击 ✓ 按钮，完成切弧的绘制。

以上绘制步骤如图 2-26 所示。

图 2-26　动态绘制切弧

2.4　矩形的绘制

本节将介绍矩形的绘制方法。执行【绘图】→【矩形】命令，启动矩形绘制操作，系统弹出如图 2-27 所示的矩形绘制 Ribbon 工具栏。

图 2-27　矩形绘制 Ribbon 工具栏

该方法有 3 种绘制矩形的方法：

1）在绘图区中直接选取一对矩形的对角点，则系统在绘图区中绘制出所需矩形。可在坐标输入栏中输入坐标值指定点。

2）在绘图区中选取矩形对角线的一点，在【宽度】输入栏 📊 0.0 ▾ 中输入矩形的宽度值，在【高度】输入栏中 📊 0.0 ▾ 输入矩形的长度值，再按 Enter 键，则系统绘制出所需矩形。宽度值与高度值都可为负数，这样可以确定矩形其他点相对于第一点的位置。

3）单击【设置基准点为中心点】➕按钮，系统提示【选取基准点位置】，此基准点为矩形的中点，选定后，在【宽度】输入栏 📊 0.0 ▾ 中输入矩形的宽度值，在【高度】输入栏 📊 0.0 ▾ 中输入矩形的长度值，再按 Enter 键，则系统绘制出所需矩形。

 提示

如果在绘制矩形时，按下了【创建曲面】⊞按钮，则系统将绘制出矩形平面。

2.5 变形矩形的绘制

Mastercam X7 系统不但提供了矩形的绘制功能，而且还提供了 4 种变形矩形的绘制方法，提高了制图的效率。执行【绘图】→【矩形形状设置】命令，启动变形矩形绘制功能，系统弹出【矩形选项】对话框，对话框中各选项功能如图 2-28 所示。

图 2-28　矩形形状选项功能说明

由于变形矩形绘制功能在绘图中经常用到，而且十分方便，其中两种变形矩形的绘制方法经常用到，一个是倒圆角的矩形，另一个是键槽变形矩形的绘制。

【例 2-10】绘制倒圆角矩形。

 光盘\视频教学\第2章\绘制倒圆角矩形.avi

操作步骤如下：

01 执行【绘图】→【矩形形状设置】命令，弹出【矩形选项】对话框。

02 在对话框中设置矩形的绘制方式，此例选择【一点】绘制矩形方式。

03 在矩形宽度文本框中输入 60、高度文本框中输入 120、倒圆角半径文本框中输入 5，旋转角度文本框中输入 30。

04 选择变形形状为长方形。

05 选择矩形基准点的定位方式。

06 在工具栏中输入矩形的基点坐标为（100，200，0）。

07 单击对话框中的 ✔ 按钮。

具体操作过程如图 2-29 所示。

图 2-29　倒圆角矩形绘制操作过程

2.6　绘制多边形

执行【绘图】→【多边形】命令，启动画多边形绘制功能，系统弹出【多边形选项】对话框，对话框中各选项功能如图 2-30 所示。

【例 2-11】绘制五边形。

光盘\视频教学\第2章\绘制五边形.avi

操作步骤如下：

01 执行【绘图】→【多边形】命令，弹出【多边形选项】对话框。

02 在边数文本框中输入 5，在半径文本框中输入 30。

03 选中【平面】单选按钮。

04 在倒角半径文本框中输入 5。

05 在旋转角度文本框中输入 45。

06 在工具栏中输入多边形的中点坐标为（100，200，0），用户也可以直接在绘图区中指定此基点的位置。

图 2-30   多边形选项控能说明

07 按 Enter 键，完成中心坐标的输入。

08 单击【多边形选项】对话框中的✔按钮，完成五边形的绘制。

具体操作步骤如图 2-31 所示。

图 2-31   绘制五边形操作过程

2.7 绘制椭圆

执行【绘图】→【椭圆】命令，启动椭圆图形的绘制功能，系统弹出【椭圆选项】对话框，对话框中各选项功能如图 2-32 所示。

【例 2-12】绘制椭圆。

光盘\视频教学\第2章\绘制椭圆.avi

操作步骤如下：

01 执行【绘图】→【椭圆】命令，弹出【椭圆选项】对话框。

02 在 X 轴方向半径文本框中输入 60，在 Y 轴方向半径文本框中输入 40。

03 在起始角度文本框中输入角度为 45，在终止角度文本框中输入角度为 360。

04 在旋转角度文本框中输入旋转角度为 45。

05 在工具栏中输入椭圆的中点坐标为（100，200，0），用户也可以直接在绘图区中指定此基点的位置。

06 按 Enter 键，完成中心坐标的输入。

07 单击【椭圆选项】对话框中的 ✔ 按钮，完成椭圆的绘制。

具体操作步骤如图 2-33 所示。

图 2-32　绘制椭圆选项说明　　　　图 2-33　绘制椭圆的操作步骤

2.8 绘制曲线

在 Mastercam 中，曲线是采用离散点的方式来生成的。选择不同的绘制方法，对离散点的处理也不同。Mastercam 采用了两种类型的曲线——参数式曲线和 NURBS 曲线。参数曲线是由二维和三维空间曲线用一套系数定义的，NURBS 曲线是由二维和三维空间曲线以节点和控制点定义的，一般 NURBS 曲线比参数式曲线要光滑且易于编辑。

2.8.1 手动画曲线

执行【绘图】→【曲线】→【手动画曲线】命令，即进入手动绘制样条曲线状态。提示区提示【选取一点。按 Enter 键完成】，则在绘图区定义样条曲线经过的点（ P0～PN），按 Enter 键选点结束，完成样条曲线。

2.8.2 自动生成曲线

执行【绘图】→【曲线】→【自动生成曲线】命令，即进入自动绘制样条曲线状态。

系统将顺序提示选取第一点 P0，第二点 P1 和最后一点 P2，如图 2-34 上图所示，选取 3 点后，系统自动选取其他的点绘制出样条曲线，如图 2-34 下图所示。

图 2-34 自动绘制曲线

2.8.3 转成单一曲线

执行【绘图】→【曲线】→【转成单一曲线】命令，即进入转成曲线状态。

【例 2-13】绘制转成曲线。

 光盘\视频教学\第2章\绘制转成曲线.avi

具体操作步骤如下：

01 执行【绘图】→【曲线】→【转成单一曲线】命令，系统弹出【串连选项】对话框，提示【选取串连 1】，在绘图曲选择需要转换成曲线的连续线。

02 单击【串连选项】对话框中的确定 ✓ 按钮，结束串连几何图形的选择。

03 在转成曲线 Ribbon 工具栏中的【误差】输入栏 📉 0.01 ▾ 中输入误差值。

04 在【原始曲线】选择栏中选择删除曲线。此设置表明几何图素转换成曲线后，不再保留。

05 单击 Ribbon 工具栏里的确定 ✓ 按钮，结束转成曲线操作。

以上操作步骤如图 2-35 所示。

图 2-35 转成单一曲线操作

2.8.4 熔接曲线

该命令可以在两个对象（ 直线、连续线、圆弧、曲线）上给定的正切点处绘制一条样条曲线。

【例2-14】绘制如图2-36所示的熔接曲线。

光盘\视频教学\第2章\绘制熔接曲线.avi

操作步骤如下：

图2-36 熔接曲线选择点示例

01 执行 【绘图】→ 【曲线】→ 【熔接曲线】命令。

02 提示区提示【选取曲线1】，选取曲线S1，曲线S1上显示出一个箭头。

03 移动曲线S1上箭头到曲线P1上的熔接位置（此位置以箭头尾部为准），再单击鼠标左键。

04 提示区提示【选取曲线2】，选取曲线S2，曲线S2上显示出一个箭头。

05 移动曲线S2上箭头到曲线P2上的熔接位置（此位置以箭头尾部为准），再单击鼠标左键，此时系统显示出按默认设置要生成的样条曲线，如图2-37所示。

06 设置熔接曲线Ribbon工具栏里的选项，该工具栏有5个选项，各选项含义如下：

：用来重新设置第一个选取对象及其上的相切点。

：用来重新设置第二个选取对象及其上的相切点。

：该选项是指绘制熔接曲线后，对原几何对象如何处理。可选择不，两者，第一条曲线，第二条曲线。选择不，表示熔接后，不对原几何图形处理；选择两者，表示熔接后，修剪原来的几何图素；选择第一条曲线，表示熔接后，仅修剪第一条曲线；选择第二条曲线，表示熔接后，仅修剪第二条曲线。本例选择两者。

：设置第一个选取对象的熔接值。

：设置第二个选取对象的熔接值。

图2-37所示为两几何对象的熔接值均设置为1的结果；图2-38所示为两熔接值均设置为2的结果。

图2-37 熔接值为1的熔接示例

图2-38 熔接值为2的熔接示例

07 单击 Ribbon 工具条中的 ✓ 按钮，退出熔接曲线操作。

2.9 绘制螺旋线（间距）

在 Mastecam X7 系统中，螺旋线的绘制常配合曲面（Surface）绘制中的扫描面或实体中的扫描体命令来绘制螺旋线。执行【绘图】→【绘制螺旋线（间距）】命令，启动螺旋线（间距）的绘制。

启动螺旋线（间距）绘制命令后，系统弹出【螺旋式】对话框，对话框中各选项的含义如图 2-39 所示。

 提示

输入圈数后，系统根据第一圈的旋绕高度和最后一圈的旋绕高度就会自动计算出螺旋线的总高度，反之亦然。

【例 2-15】绘制如图 2-40 所示的螺旋线。

图 2-39　螺旋线选项参数设置对话框　　　　　　　图 2-40　螺旋线

 光盘\视频教学\第2章\绘制螺旋线.avi

具体操作步骤如下：

01 执行【绘图】→【绘制螺旋线（间距）】命令。

02 系统提示【请输入圆心点】，可在工具栏中键入中心点的坐标值，也可以利用鼠标直接在绘图区中点选。

03 在【螺旋式】对话框中，设置在 Z-X 平面上的【起始间距】为 2.5，【结束间距】为 14，在 Y-X 平面上的【起始间距】为 2，【结束间距】为 5，【半径】为 10，旋转圈数为 6，如图 2-41 所示。

04 单击【螺旋形】对话框中的 ✓ 按钮，完成操作。

05 单击【等视图】命令，观察所绘制的螺旋线。

图 2-41　设置螺旋线选项参数

2.10　绘制螺旋线（锥度）

在 Mastecam X7 系统中，螺旋线（锥度）的绘制常配合曲面（Surface）绘制中的扫描面或实体中的扫描实体命令来绘制螺纹和标准等距弹簧。执行【绘图】→【绘制螺旋线（锥度）】命令，进入绘制螺旋线操作。

启动螺旋线绘制命令后，系统弹出了【螺旋式下刀】对话框，各参数选项的含义如图 2-42 所示。

【例 2-16】绘制如图 2-43 所示的螺旋线。

　光盘\视频教学\第2章\绘制螺旋线(锥度).avi

具体操作步骤如下：

01 执行【绘图】→【绘制螺旋线（锥度）】命令。

02 系统提示【请输入圆心点】，可在工具栏中键入中心点的坐标值，也可以利用光标直接在绘图区中点选一点。

图 2-42　螺旋线选项参数设置对话框

03 在【螺旋式下刀】对话框中，设置旋转【圈数】为5，【旋转角度】为0，【半径】为15，【间距】为9，【锥度角】为0，如图2-44所示。

04 单击【螺旋式下刀】对话框中的 ✔ 按钮，完成操作。

05 单击【等视图】命令，观察所绘制的螺旋线。

图 2-43　螺旋线

图 2-44　设置螺旋线（锥度）选项参数

2.11　其他图形的绘制

2.11.1　门形图形的绘制

执行【绘图】→【门状图形】命令，系统弹出【画门状图形】对话框，该对话框用于指定门形的参数，各参数的意义如图2-45所示。

图 2-45　画门状图形对话框

2.11.2　阶梯形图形的绘制

执行【绘图】→【楼梯状图形】命令，系统将弹出【画楼梯状图形】对话框，如图2-46

所示。

阶梯类型说明：

开放式：生成的阶梯为 Z 形的线串，只包含直线。

封闭式：生成的阶梯为中空的封闭线串，包含直线和弧。

图 2-46　画楼梯状图形对话框

2.11.3　退刀槽的绘制

退刀槽是在机械车削加工中经常用到的一种工艺设计，Mastercam X7 系统为此提供了方便的操作，令用户快速完成这类设计。执行【绘图】→【释放槽】命令，系统将会弹出【标准环切凹槽参数】对话框。

系统提供了 4 种类型的退刀槽设计，基本上涵盖了车削加工中用的退刀槽类型，每种类型又根据具体尺寸的不同，提供了相应的退刀槽尺寸。

【标准环切凹槽参数】对话框中各项参数的含义如图 2-47 所示。

图 2-47　标准环切凹槽参数对话框

2.12 倒圆角

机械零件边、棱经常需要倒成圆角，因此倒圆角功能在绘图中是很重要的。执行【绘图】→【倒圆角】命令，进入倒圆角操作。系统提供了两个倒圆角选项，一个是用来绘制单个圆角的命令，一个是绘制串连圆角的命令。

2.12.1 绘制倒圆角

执行【绘图】→【圆角】→【倒圆角】命令，系统弹出倒圆角的 Ribbon 工具栏，如图 2-48 所示。

图 2-48 倒圆角 Ribbon 工具栏

Ribbon 工具栏各选项的功能如下：

[图标] ：圆角半径设置栏，在文本框中输入圆角的半径数值。

[图标] ：下拉列表中选择倒圆角的方式，分别有法向定面、反转、循环、间隙 4 种方式，每钟方式的功能都有图标说明，图 2-49 是这 4 种倒圆角方式对应的示例图。

图 2-49 4 种倒圆角方式的示例图

[图标]：单击此按钮，则在绘制圆角后仍保留原交线。

2.12.2 绘制串连圆角

绘制串连倒圆角命令能将选择的串连几何图形的所有锐角一次性倒圆角。执行【绘图】→【圆角】→【串连倒圆角】命令，系统弹出串连倒圆角的 Ribbon 工具栏如图 2-50 所示，同时弹出的还有【串连选项】对话框。

图 2-50 串连倒圆角的 Ribbon 工具栏

Ribbon 工具栏各选项的功能如下（与倒圆角功能相同的选项将不再阐述）：

[图标]：重新选择串连图素。

[图标]：此项功能相当于一个过滤器，它将根据串连图素的方向来判断是否执行倒圆角操作。选项说明如下：

1）所有角落：系统不论所选串连图素是正向还是反向，所有的锐角都会绘制倒圆角。

2）+扫瞄：仅在所选串连图素的方向是正向时，绘制所有的锐角倒圆角。

3）-扫瞄：仅在所选串连图素的方向是反向时，绘制所有的锐角倒圆角。

图 2-51 所示更加详细地说明了此问题。

图 2-51　串连倒圆角的过滤器设置说明

2.13　倒角

执行【绘图】→【倒角】命令，进入倒角操作。系统提供了两个倒角选项，一个是用来绘制单个倒角的命令，一个是绘制串连倒角的命令。

2.13.1　绘制倒角

执行【绘图】→【倒角】→【倒角】命令，弹出倒角 Ribbon 工具栏，如图 2-52 所示。

图 2-52　倒角 Ribbon 工具栏

Ribbon 工具栏各选项的功能如下：

　：在此栏的下拉列表菜单中选择倒角的几何尺寸设定方法，这是倒角第一步就要操作的步骤，因为其他功能键将根据倒角方式的不同来决定是否激活，而且功能含义也有所变化。系统提供了 4 种倒角的方式，分别是：

1）根据一个尺寸进行倒角，此时只有此 5.0 尺寸输入栏被激活，数值栏中的数值代表图 2-53 所示图形中 D 的值。

2）根据两个尺寸倒角，此时 5.0 尺寸输入栏数值代表图 2-54 所示图形中 D1 的值， 5.0 尺寸输入栏数值代表图 2-54 所示图形中 D2 的值。

3）根据角度和尺寸倒角，此时 5.0 尺寸输入栏数值代表图 2-55 所示图形中 D 的值， 45.0 角度输入栏数值代表图 2-55 所示图形中 A 的角度值。

图 2-53　一个尺寸倒角　　图 2-54　两个尺寸倒角　　图 2-55　角度和尺寸倒角　　图 2-56　宽度倒角

4）根据宽度倒角，此时 尺寸输入栏数值代表图 2-56 所示图形中 W 的值。

：单击此按钮，则在绘制倒角后仍保留原交线。

2.13.2 绘制串连倒角

绘制串连倒角命令能将选择的串连几何图形的所有锐角一次性倒角。执行【绘图】→【倒角】→【串连倒角】命令，系统弹出串连倒角的 Ribbon 工具栏如图 2-57 所示，同时弹出【串连选项】对话框。

图 2-57 串连倒角 Ribbon 工具栏

Mastercam X7 系统提供了两种绘制串连倒角的方法，其功能含义与绘制倒角的相同。

2.14 绘制边界盒

边界盒的绘制常用于加工操作，用户可以用边界盒命令得到工件加工时所需材料的最小尺寸值，便于加工时的工件设定和装夹定位。由此命令创建的零件边界盒，其大小由图形的尺寸加扩展距离的值决定。

执行【绘图】→【边界盒】命令，进入边界盒绘制操作，系统弹出【边界盒选项】对话框。【边界盒选项】对话框内参数的设置分为四个部分，以下是各部分的分述。

第一部分为图素的选取，如图 2-58 所示，它含有两个选项：

：选取图素按钮，单击此按钮表明，仅选择绘图区内的一个几何图形来创建其边界框（仅能选择某一个几何图形，不能选择几何体）。选定图形，再按 Enter 键，系统就会创建此几何图形的边界框。

所有图素：勾选此复选框，系统将以绘图区内的所有几何图形来创建边界盒。

第二部分为边界盒的构成图素，如图 2-59 所示，它含有 4 个选项：

线或弧：勾选此复选框，绘制的边界盒以线段或弧显示（根据边界盒选项对话框中的边界盒形状不同而不同），如图 2-60 所示。

点：勾选此复选框，绘制出边界盒的顶点，如图 2-61 所示。如果边界盒型式选取的是圆柱形，则生成圆柱线框两个端面的圆心点。

图 2-58 选取图素选项

图 2-59 边界盒的构成要素

图 2-60 以线或弧构建边界盒

中心点：勾选此复选框，绘制出边界盒的中心点，如图 2-62 所示。

实体管：勾选此复选框，绘制出边界盒的实体，如图 2-63 所示。此选项与前四个选项配合使用。

中心点

图 2-61　以点构建边界盒　　　图 2-62　以中心点构建边界盒　　　图 2-63　以实体构建边界盒

 提示

如果几何形状是其他软件绘制的，导入 Mastercam 之后，绘制边框线，不能直接产生工件坯料。

第三部分为边界盒的形状，如图 2-64 所示，它含有两个选项：

◎ 立方体：勾选此复选框，绘制的边界盒是立方体。

◎ 圆柱体：勾选此复选框，绘制的边界盒是圆柱体，如图 2-65 所示，此时圆柱体轴线方向复选框被激活，用户可以选择圆柱体的轴线方向为 X、Y、Z。

图 2-64　边界盒形式选项　　　　　图 2-65　圆柱形边界盒

第四部分为边界盒的延伸量，它含有两种选项：

当选择边界盒的形状为立方体时，边界盒的延伸是沿 X、Y、Z 方向，如图 2-66 所示。

当选择边界盒的形状为圆柱体时，边界盒的延伸是沿轴线和径向方向，如图 2-67 所示。

图 2-66　立方体边界盒延伸选项　　　图 2-67　圆柱体边界盒延伸选项

2.15　绘制文字

在 Mastercam 中，绘制文字命令创建的文字与图形标注创建的文字不同，前者创建的文字是由直线、圆弧等组合而成的组合对象，可直接应用于生成刀具路径；而后者创建的文字是单一的几何对象，不能直接应用于生成刀具路径，只有经转换处理后才能应用于生成刀具路径。绘制文字功能主要用于工件表面文字雕刻。

执行【绘图】→【绘制文字】命令，便可调用绘制文字命令，弹出如图 2-68 所示的

【绘制文字】对话框，处理文字绘制任务。

图 2-68　绘制文字对话框

2.15.1　绘制文字参数设置

绘制文字对话框要设置字型（Font），参数，并输入具体要绘制的文字。

1）字型（Font）：单击字体栏中的下拉列表栏，可选择不同的文字字体，系统可供使用的有 Drafting，MCX，真实字型三类字型。选择真实字型，单击【真实字型】按钮，弹出【字体】对话框，用户可选择更多的设置。

2）参数：参数栏内要设置的参数有文字高度、间距、圆弧半径。

3）文字对齐方式：排列方式又分为水平排列、垂直排列、圆弧顶部排列、圆弧底部排列；串连到顶部排列，若选择 Drafting e 字型，则【尺寸标注选项】按钮被激活，用户打开此对话框，设置更多相关参数。

4）文字内容：在空白栏中输入要绘制的单行文字串。

2.15.2　绘制真实字型文字

【例 2-17】绘制如图 2-69 所示的真实字型文字。

光盘\视频教学\第2章\绘制真实字型文字.avi

操作过程如下：

01 执行【绘图】→【绘制文字】命令，弹出【绘制文字】对话框。

02 单击【字型】栏下拉列表，选中【真实字型（Arial）】类型，接着单击【真实字型】按钮，弹出如图 2-70 所示的【字体】对话框，选择宋体。单击【确定】按钮返回【绘制文字】对话框。

03 在高度文本框中输入 20。

04 在间距文本框中输入 1.75。

05 选择文字的对齐方式为【圆弧顶部】，在圆弧半径文本框中输入 50。

06 在【文字内容】空白栏内输入【三维书屋工作室】，单击 ✔ 按钮返回当前绘图区。

07 输入圆心坐标，完成文字绘制。

图 2-69　绘制的真实字型文字

图 2-70　字体设置

08 按 Esc 键返回，命令执行完毕。

图 2-71 所示是对话框的参数设置。

2.15.3　绘制 Drafting 文字

【例 2-18】绘制如图 2-72 所示的 Drafting 文字。

图 2-71　真实字型文字对话框的参数设置

图 2-72　绘制的 Drafting 文字

光盘\视频教学\第2章\绘制Drafting文字.avi

操作过程如下：

01 执行【绘图】→【绘制文字】命令，弹出【绘制文字】对话框。

02 单击【字型】栏下拉列表，选中【Drafting】类型，此时系统已经激活【尺寸标注选项】按钮。

03 单击【尺寸标注选项】按钮，弹出【注解文字】对话框，在【文字高度】文本框中输入 20，【长宽比】文本框中输入 0.5，【文字间距】文本框中输入 3.0，单击【增加真实字形】按钮，设置字体为宋体，其他参数采用默认值，单击 ✔ 按钮返回。

04 设置文字高度值。

05 在【文字内容】空白栏内输入【MASTERCAM 工作室】，单击 ✔ 按钮返回当前绘图区。

06 确定文字串的起始位置，按鼠标左键，完成文字绘制。

07 按 Esc 键返回，命令执行完毕。

图 2-73 所示是绘制 Drafting 文字【注解文字】对话框的参数设置。

2.16 综合实例——轴承座

图 2-74 所示的是一个轴承座的平面图。此轴承座的表达需要三个视图，分别是主视图、俯视图、左剖视图。绘制前，先要对三个视图进行良好的布局，因此首先要确定几条中心线。

图 2-73 文字注解文本设置

图 2-74 轴承座

轴承座主视图上的最大半圆为 49，而圆心到底部的距离为 59，因此需要绘制一条从点（0，54，0）到（0，-64，0）的中心线，另一条中心线是（-50，0，0）到（50，0，0）。

俯视图中有两条中心线定位，由于轴承座宽度为 104，所以俯视图的中心线交点定在（0，-122，0）处，则两个试图的距离就为 15。水平中线的起点和终点坐标分别为（-74，-122，0）和（74，-122，0），垂直中线的起点和终点坐标分别为（0，-65，0）和（0，-179，0）。

左剖视图两条中心线定位，一条是中心孔轴线，它和主视图中的中线位于同一高度。另一中心线的确定要考虑到它和主视图的间距为 15，因此，它们的交点因定在坐标（136，0，0）处。中心孔轴线的起点和终点坐标分别为（79，0，0）和（193，0，0），垂直中线的起点和终点坐标分别为（136，54，0）和（136，-64，0）。

定好以上辅助线的端点坐标后，则完成了布图工作。现在启动 Mastercam 系统，进入图形绘制。

 光盘\视频教学\第2章\轴承座.avi

具体步骤如下：

01 创建 3 个图层，分别为第 1 层、第 2 层、第 3 层，并分别命名为【实线】、【中心线】和【标注线】。接着将图层 2 设置为编辑层，并设置图层 2 的线型为点画线、线宽为第一种、颜色为红色等属性。

02 执行【绘图】→【线】→【绘制任意线】命令，按照布图要求，输入各中心线坐标，完成图 2-75 所示辅助线。

03 执行【绘图】→【圆弧】→【已知圆心点画圆】命令，以（0，0，0）点为圆心，以 70 为直径绘制出螺纹孔分布的中心圆。如图 2-76 所示。

04 设置编辑图层为 1，线型设置为实线，线宽设置为第二种宽度，颜色设置为黑色，绘制轴承孔。执行【绘图】→【圆弧】→【已知圆心点画圆】命令，以（0，0，0）点为圆心，分别以 55 和 85 为直径，绘制圆，如图 2-77 所示。

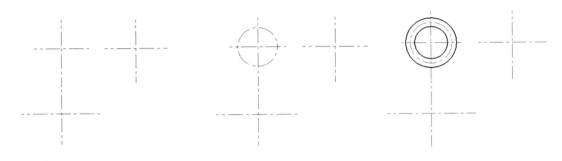

图 2-75　绘制中心线　　　　　图 2-76　绘制螺纹孔中心圆　　　　图 2-77　绘制轴承孔

05 绘制轴承座顶部外形。执行【绘图】→【圆弧】→【极坐标圆弧】命令，选择（0，0，0）为圆心，接着在 Ribbon 工具栏中输入图 2-78 所示的参数，绘制出的图形如图 2-79 所示，注意每输入一个数据都要按 Enter 键。

图 2-78　Ribbon 工具条参数设置

06 绘制轴承座外形。执行【绘图】→【线】→【绘制任意线】命令，单击 Ribbon 工具栏中的【连续线】按钮，选择顶部圆弧左端为多段线的起点，接着再单击 Ribbon 工具栏中的竖直线按钮，在距离输入框中输入 48，单击 Enter 键，用光标指定此竖线的方向，指定后单击，绘制出轴承座的一条竖直边线。接下来，单击 Ribbon 工具栏中的水平线按钮，在距离输入框中输入 20，绘制出一条长度为 20 的水平线。

按照上述方法依次绘制竖直线（长度 11），水平线（长度 29），竖直线（长度 2），水平线（长度 40），绘制过程中方向的制定很重要。

操作后的图形如图 2-80 所示。

图 2-79　绘制轴承座顶部外形　　　　　图 2-80　绘制轴承座外形

07 镜像轴承座外形。执行【转换】→【镜像】命令，系统提示【选取图素去镜像】，则选中第 6 步完成的轴承座外形，接着按 Enter 键，弹出【镜像】对话框，设置选项按照图 2-81 的左图所示，设置完后单击【镜像】对话框中的 ✓ 按钮，系统显示出如图 2-81 右图所示的轴承座主视图外形。

08 绘制轴承座上的螺纹孔。执行【绘图】→【圆弧】→【极坐标圆弧】命令，在主视图竖直中心线和螺纹孔中心圆的上部交点，绘制一个半径为 2，从 0°～270° 弧，作为螺纹孔的大径。

接着执行【绘图】→【圆弧】→【已知圆心点画圆】命令，以 1.8 为半径在该位置绘制出螺纹孔的小径，绘制出的图形如图 2-82 所示。

图 2-81　镜像轴承座外形　　　　　　　　　图 2-82　绘制螺纹孔

09 旋转复制出其他螺纹孔。执行【转换】→【旋转】命令，框选刚才绘制的螺纹孔，再按 Enter 键，系统弹出【旋转】对话框，参数按照图 2-83 左图所示设置，其中旋转中心 ✛ 设置为轴承孔的圆心，接着可预览旋转复制的结果图，如 2-83 右图所示。

轴承座主视图的完善需要绘制出其它视图，下面进行俯视图的绘制。

10 绘制矩形。执行【绘图】→【矩形】命令，在 Ribbon 工具栏中单击【设置基准点为中心】按钮 ▣，接着选择俯视图两中心线的交点，接下来在 Ribbon 工具栏的宽度和高度输入栏 ▦ 138.0　▾ 🔲 104.0　▾ 中输入矩形的长度和宽为 138 和 104，每个数据输入后都要按 Enter 键，绘制完毕后的图形如图 2-84 所示。

11 根据轴承座主视图，绘制投影到俯视图上的边线。执行【绘图】→【线】→【绘制任意线】命令，分别以图 2-84 所示的 A 点和 B 点为直线的第一端点，向 L1 绘制垂线，结果图如 2-85 所示。

12 修剪线段。执行【编辑】→【修剪/打断】→【修剪/打断/延伸】命令，修剪刚才绘制的两条投影线，注意修剪线段时保留线段的选取，结果如图 2-86 所示。

13 绘制轴承座开档边线。

❶轴承座开档距离为 52，因此需要绘制两条与水平中心线相平行的线，且距离为 52。执行【转换】→【平移】，选择俯视图水平中心线，接着按 Enter 键，系统弹出【平移】对话框，对话框参数设置如图 2-87 左图所示，系统显示平移线，再单击【平移】对话框中

的 ✔ 按钮。

图 2-83　旋转复制螺纹孔

图 2-84　矩形绘制

图 2-85　绘制投影线

图 2-86　绘制投影线

❷执行【绘图】→【线】→【绘制任意线】命令，第一个端点选择刚才绘制的平移线与其中一条投影线的交点，第二个端点选择另一个交点。绘制出图 2-87 右上图所示的图形，然后退出绘制线操作。

图 2-87　绘制开档线

❸接着选中本步平移复制的点画线，单击 Delete 键，删除此作图辅助线。

❹执行【转换】→【平移】，选择刚才绘制的直线，接着按 Enter 键，再在【平移】对话框的 Y 项输入框 △Y ▊-56.0▊ 中输入-56，得到轴承座的第二条开档线，然后打断、删除两条开档线之间的竖直直线，完成后的图如图 2-87 右下图所示。

14 绘制轴承座固定孔的中线。执行【转换】→【平移】命令，选择俯视图竖直中心线，接着按 Enter，再在【平移】对话框的 X 项输入框 △X ▊59.0▊ 中输入59，接着利用方向选项 ⟷ 转换为双向绘制，看到绘图区预览图形正确后，单击【平移】对话框中的 ✔ 按钮。此步的提示与结果图如图 2-88 所示。

图 2-88　绘制固定孔中心线

15 以水平中心线与固定孔中心线的交点为圆心，绘制两个直径为 9 的圆。接着对两圆进行双向平移复制，在 Y 项输入框中输入 30，得到如图 2-89 所示的图形。

16 绘制销钉孔。绘制直径为 7 的销钉孔。由轴承座设计图可知销钉孔的中心在固定孔的中心连线上，且离两边距离为 9。根据以上已知条件，则可绘制出图 2-90 所示的图形，接着利用平移移动功能（指在【平移】对话框中激活【移动】复选按钮）移动销钉孔到正确位置，得到的最终结果如图 2-91 所示。

图 2-89　绘制固定孔　　　　图 2-90　绘制辅助销钉孔　　　　图 2-91　平移销钉孔

17 绘制俯视图中的轴承孔。主视图轴承孔已绘出，根据三视图的关系将主视图轴承孔向俯视图投影，则可确定轴承孔的部分尺寸，再结合设计图要求确定轴承孔的其他位置尺寸。

❶设置编辑图层为4，在名称中输入虚线，线型设定为虚线，线宽设定为第一种线宽，颜色设定为深蓝色（代号251）。

❷执行【绘图】→【线】→【绘制任意线】命令，分别以点A、B、C、D为端点向轴承座俯视图中的L1线绘制垂直线，如果所绘制的垂直线超过或者离L1还有一段距离，则执行【编辑】→【修剪/打断】→【修剪/打断/延伸】命令修剪或延伸虚线。

❸对直线L2向下平移复制8.5，最终的结果图如图2-92所示。

18 执行【绘图】→【线】→【绘制任意线】命令，分别以图2-92所示的A、B两交点为端点绘制虚线。接下来选中图2-92所示的L3直线，按Delete键删除L3，接着执行【编辑】→【修剪/打断】→【修剪/打断/延伸】命令，修剪虚线，结果如图2-93所示。

19 镜像轴承孔。第18步操作完后，轴承座中一端的轴承孔就绘制出来了，接着以水平中心线为对称轴镜像轴承孔得到如图2-94所示的图形。

图2-92 第17步的结果图　　图2-93 第18步的结果图　　图2-94 第19步的结果

20 绘制左剖视图。

❶利用绘图功能与编辑功能绘制出图2-95所示的4条辅助线，4条辅助线与竖直中心线的交点分别为E、F、G和H。

❷设置编辑图层为1，线型设定为实线，线宽设定为第二种线宽，颜色设定为黑色（代号0）。

❸以E点为端点，向左绘制一条长度为52的水平线，接着绘制一条垂直线直到顶部虚线，接着再绘制一条向右长度为26的水平线，再绘制一条向下的垂直线直到虚线L4，接着绘制一条水平线直到G点。

❹以F点为端点，向左绘制一条长度为52的水平线。接着删除图2-95所绘制的4条辅助虚线，完成后如图2-96所示。

21 根据三视图原理将轴承孔投影到左剖视图上，如图2-97所示。

22 镜像出轴承座的另一半。由于轴承座是对称的，因此利用镜像对称功能以竖直中心线为对称轴对称出另一半，结果如图2-98所示。

23 投影轴承座螺纹孔。根据三视图原理，将主视图中的螺纹孔投影到左剖视图上，暂时不投影螺纹部分，结果如图2-99所示。

图 2-95　绘制作图辅助线　　　图 2-96　第 20 步的结果　　　图 2-97　第 21 步的结果

图 2-98　第 22 步的结果　　　　　　　图 2-99　第 23 步的结果

2.17　思考与练习

1. 简述 Mastercam X7 软件中绘制点的方式有哪几种？
2. 简述 Mastercam X7 软件中绘制圆弧的方式有哪几种？
3. 矩形和变形矩形的绘制有什么区别？
4. 在 Mastercam X7 中系统提供了几种文字类型，各有什么区别。

2.18　上机操作与指导

1. 应用不同的绘线方法绘制直线。
2. 根据 2.11.3 的提示绘制退刀槽。
3. 绘制你熟悉的零件。
4. 绘制如图 2-100 所示的二维图形。

图 2-100　绘制吊耳练习

第 章

二维图形编辑和标注

本章主要讲述各种二维图形编辑以及尺寸标注等知识。

通过本章的学习，可以帮助读者初步掌握 Mastercam 的二维绘图编辑和标注绘制功能。

◎ 图形的编辑

◎ 二维图形的标注

3.1 图形的编辑

使用编辑工具可以对所绘制的二维图形做进一步加工，并且提高绘图效率，确保设计结果准确完整。Mastercam X7 系统的二维图形编辑命令集中在【编辑】与【转换】两菜单中。要对图形进行编辑，首先要选取几何对象，才能进一步对几何对象进行操作，所以在介绍各编辑命令之前，先介绍几何对象的选取方法。

Mastercam X7 系统的选择功能集中在目标选择栏中，如图 3-1 所示。

图 3-1　目标选择栏

1．直接选取几何对象

当系统提示选取几何对象时，可以直接使用鼠标依次单击要选取的几何对象，被选中的几何对象呈变色显示，表示对象被选中。

2．条件选取

单击目标选择栏中【全部】或【单一】按钮，弹出对话框的各条件选项说明如图 3-2 所示。用户可以在这两个对话框中设置被选择图素需要符合的条件。单击前者，系统将会自动选出所有符合条件的图素；单击后者，仍要依靠用户自行选择，但仅能选择符合调节的图素。对于勾选图素条件，系统会激活图素选择条件设定栏，本例选择【显示线架构】，则系统自动勾选的图素类型将是选择几何对象的条件，凡是符合这些条件的选项，系统会自动选取作为操作对象。

图 3-2　条件选取

3．窗口选取

该选项通过定义一个选取窗口来选取几何对象。在目标选择栏中单击 ⬚ ▾ 下拉按钮，则弹出几种选取对象的方法，其中 ⬚ 代表矩形窗口选择，⬚ 代表多边形窗口选择，它们和范围选择按钮 视窗内 ▾ 配合使用，一起完成选取对象的操作。

4．取消选择

单击 ⊘ 按钮，取消所选择的对象。

3.1.1　编辑菜单中的编辑命令

编辑菜单中主要包含了图形的选择、修剪/打断/延伸几何图形、连接几何图形、修改曲线控制点、转换 NURBS 曲线、曲线变弧、设置曲面法向方向、修改曲面法向、删除几何图形等功能。下面对各功能进行简要说明：

1．删除

执行【编辑】→【删除】命令，弹出删除子菜单，如图 3-3 所示。

删除子菜单各命令功能说明如下：

（1）🖊 删除图素(E)：单击此命令，选择绘图区中要删除的图素，再按 Enter 键，即可删除选中的几何体。

（2）🖊 删除重复图素(D)：此命令用于坐标值重复的图素，例如两条重合的直线，选择此命令后，系统会自动删除重复图素的后者。

（3）🖊 删除重复图素：高级选项(A)：执行此命令，系统提示【选取图素】，图素选定后，按 Enter 键，系统弹出如图 3-4 所示【删除重复图素】对话框，用户可以通过设定重复几何体的属性作为删除判定条件。

图 3-3　删除子菜单

图 3-4　【删除重复图素】对话框

（4）🖊 恢复删除(U)：此命令可以按照被删除的次序，重新生成已删除的对象。

（5）🖊 恢复删除指定数量的图素(N)…：单击此命令系统弹出【输入撤销删除的数量】对话框，用户设定好数量后，系统会从最后一个删除图素作为计数基础，依次向前恢复，直到设定数目。

（6）🖊 恢复删除限定的图素(M)…：此命令就是条件恢复，用户根据需要设定恢复条件，执行恢复。

2. 修剪/打断

执行【编辑】→【修剪/打断】命令，系统弹出修剪/打断子菜单，如图 3-5 所示。

图 3-5　修剪/打断

修剪/打断子菜单中各项命令的说明如下：

（1）修剪/打断/延伸(T)：单击此命令，系统弹出修剪/打断/延伸 Ribbon 工具条，如图 3-6 所示，同时系统提示【选取图素去修剪或延伸】，则选取需要修剪或延伸的对象，光标选择对象时的位置决定保留端，接着系统提示【选取修剪或延伸到的图素】，则选取修剪或延伸边界。

图 3-6　修剪/打断/延伸 Ribbon 工具栏

【例 3-1】修剪线段。

光盘\视频教学\第3章\修剪线段.avi

操作步骤如下：

01 执行【编辑】→【修剪/打断】→【修剪/打断/延伸】命令，弹出修剪/打断/延伸 Ribbon 工具栏。

02 在视图中选择要修剪的线段。

03 选择视图中的水平线段为修剪边界。

04 单击 ✓ 按钮，完成线段的修剪。

具体操作步骤如图 3-7 所示。

系统根据选取的修剪或延伸对象是否超过所选的边界来判断是剪切还是延伸。

图 3-7　剪切操作过程

修剪/打断/延伸 Ribbon 工具栏中的功能按钮说明如下：

：修剪按钮。被剪切的部分将被删除；延伸的部分与原几何体是一个整体。

![btn]: 两点打断按钮。断开的图形分为两个几何体；延伸的部分与原几何体是两个独立的几何图素，便于构建串连。

![btn]: 单一物体修剪按钮。单击该按钮表示对单个几何对象进行修剪或延伸，操作修剪/打断命令时，系统默认此项。

![btn]: 两物体修剪钮。单击该按钮表示同时修剪或延伸两个相交的几何对象。图3-8是操作示例。

 提示

要修剪的两个对象必须要有交点，要延伸的两个对象必须有延伸交点，否则系统会提示错误。光标选择的一端为保留段。

![btn]: 三物体修剪按钮。单击该按钮表示同时修剪或延伸三个依次相交的几何对象。图3-9所示是操作示例。

图3-8　同时修剪两个几何对象　　　　　图3-9　同时修剪三个几何对象

操作此功能时，注意在选取要修改的图素时，先选择线L1和L2，再选择R1，因为Mastercam系统规定第三个对象必须和前两个对象有交点或延长交点。

![btn]: 分割物体按钮。此按钮的功能是将一图素在两线或两弧间的部分剪除。图3-10所示是操作示例。

![btn]: 修剪至点按钮。此按钮的功能表示将几何图形在光标所指点处剪切。如果光标不是落在几何体上而是在几何体外部则几何体延长到指定点。图3-11所示是操作示例。

图3-10　物体　　　　　　　　　　　　图3-11　剪切物体

![btn]: 延伸长度按钮。可以输入指定的长度值进行延伸图素。

![btn]: 确定按钮。单击此按钮，完成操作。

（2）![btn] 多物修整(M)：此项功能用来一次剪切/延伸具有公共剪切/延伸边界的多个图素。图3-12所示是此功能的操作示例。

（3）![btn] 在交点处打断(I)：该选项可以将两个对象（线、圆弧、样条曲线）在其交点处同时打断，从而产生以交点为界的多个图素。

（4）![btn] 打成若干段(P)：该选项将几何对象分割打断成若干线段或弧段。

将对象（包括圆弧）分段成若干段直线，可根据距离，分段数、弦高等参数来设定。分段后，所选的原图形可保留也可删除。

（5）![icon] 将尺寸标注打断成若干线段(D)：该功能用于尺寸标注，剖面线和复合资料的分解。例如尺寸标注符号是一个整体，执行此命令后，这个整体被打破，分成几个几何元素，常用来文字标注的修改。

（6）![icon] 全圆打断(C)：该功能用于将一个选定的圆均与分解成若干段，系统待用户选定要分段的圆后，会弹出分段询问框，询问用户将此圆分成几段，在对话框中输入分段数，接着按 Enter 键，则所选圆被分成指定的若干段。

（7）![icon] 恢复全圆(A)：该功能将任意圆弧修复为一个完整的圆。图 3-13 所示是此功能的操作示例。

图 3-12　多物修整　　　　　　　　　　图 3-13　恢复全圆

3．连接图素

![icon] 连接图素(J)：此命令可以将两个几何对象连接为一个几何对象。运用此功能必须注意它只能进行线与线、弧与弧、样条曲线与样条曲线之间的操作；所选取的两个对象必须是相容的，即两直线必须共线，两圆弧必须同心同半径，两样条曲线必须来自同一原始样条曲线；当两个对象属性不相同时，以第一个选取的对象属性为连接后的对象属性。

4．更改曲线

![icon] 更改曲线(M)：利用此功能可以显示并且用鼠标改变 NURBS 曲线的控制点。图 3-14 所示是此功能的操作示例。

图 3-14　更改曲线

5．创建到 NURBS

![icon] 转成 NURBS(N)：此命令的功能是把一条直线、圆弧、曲线或曲面转换成为 NURBS 图素，转换后的图素可以经由分析命令看出来。

6．曲线变弧

![icon] 曲线变弧(S)...：与将圆弧转换为 NURBS 曲线相对应，用户也可以将圆弧状的 NURBS 曲线

转换为圆弧，从而可以查找其圆心。

3.1.2 转换中的编辑命令

编辑图形除了用编辑菜单中的命令外，转换菜单中的功能主要对图形进行平移、镜像、偏置、缩放、阵列、投影等操作，这些功能主要是用来改变几何对象的位置、方向和大小尺寸等，这些命令对三维操作同样有效。

执行【转换】命令，弹出如图 3-15 所示的转换子菜单。

转换子菜单中各命令的功能说明如下：

1．平移

平移(T)…：该功能是指将选中的图素沿某一方向进行平行移动的操作，平移的方向可以通过相对直角坐标、极坐标或者通过两点来指定。通过平移，可以得到一个或多个与所选中图素相同的图形。

【例 3-2】在 X 方向复制一圆。

参见光盘　光盘\视频教学\第3章\在X方向复制一圆.avi

操作步骤如下：

01 执行【转换】→【平移】命令，系统提示【选取图素去平移】，则选取平移的几何图形。

02 按 Enter 键，系统弹出【平移】对话框，选择【复制】单选框，在【次数】文本框中输入 1，X 的角度向量值文本框中输入 20，距离文本框输入中 20，如图 3-16 所示。

图 3-15　转换子菜单

图 3-16　平移选项设定

03 预览结果，如果移动的方向反了，或者需要两端平移则通过 ⬌ 按钮来调节，本例分别使用一端平移和两端平移得到结果比较如图 3-17 所示。

04 单击 ✔ 按钮，完成操作。

一端平移　　　　　　　　　　　　　两端平移

图 3-17　平移复制结果

2．3D 平移

3D 平移是指将选中的图素在不同的视图之间进行平移操作。

执行【转换】→【3D 平移】命令，系统弹出提示【选取图素去平移】，选择需要平移操作的图素，接着按 Enter 键，系统弹出【3D 平移选项】对话框，对话框中各项参数的意义如图 3-18 所示。其中源视图参考点指在源图形所在视图上取的一点，这一点将和目标视图的参考点对应。目标视图参考点是用来确定平移图形的位置。

3．镜像

镜像是指将选中的图素沿某一直线进行对称复制的操作。该直线可以是通过参照点的水平线、竖直线或倾斜线，也可以是已绘制好的直线或通过两点来指定。

执行【转换】→【镜像】命令，系统弹出提示【选取图素去镜像】，则选取需要镜像操作的图素，接着按 Enter 键，系统弹出【镜像】对话框，对话框中各项参数的意义如图3-19 所示。

图 3-18　3D 平移选项　　　　　　　　　　　　图 3-19　镜像对话框

镜像的结果有移动、复制、连接三种方式。在选用水平线、竖直线或倾斜线作为对称轴时，用户可以在对应的文本框中输入该线的 Y 坐标、X 坐标或角度值，也可以单击对应的按钮，在图形区单击或捕捉一点作为参照点。单击【选择线】按钮 ↦，可以选择图中已绘制的直线作为对称轴；单击【选择两点】按钮 ↦，可以在图中单击或捕捉两点构成镜像操作的对称轴。

4. 旋转

该功能将选择的对象绕任意选取点进行旋转。执行【转换】→【旋转】命令，系统弹出提示【选取图素去旋转】，则选取需要旋转操作的图素，接着按 Enter 键，系统弹出【旋转】对话框，对话框中各项参数的意义如图 3-20 所示。

其中新图形随旋转中心旋转是与新图形平移相对应，新图形旋转是图形绕自身中心旋转一角度。图 3-21 所示能更好地解释此问题。

在旋转产生的多个新图形中，可以直接删除其中的某个或几个新图形，利用移除新图新功能即可，单击此按钮，接着选择要删除的新图形，再按 Enter 键。单击还原新图形即可还原删除的图形。

图 3-20　旋转对话框

新图形旋转　　　　新图形平移

图 3-21　不同旋转参数设置对比

5. 比例缩放

该功能可将选取对象按指定的比例系数缩小或放大。执行【转换】→【比例缩放】命令，系统弹出提示【选取图素去缩放】，则选取需要比例缩放操作的图素，接着按 Enter 键，系统弹出【比例】对话框，对话框中各项参数的意义如图 3-22 所示。

不等比例缩放需要指定沿 X、Y、Z 轴各方向缩放的比例因子或缩放百分比。

6. 单体补正

单体补正也称为偏置，是指以一定的距离来等距离偏移所选择的图素。偏移命令只适用于直线、圆弧、SP 样条曲线和曲面等图素。

执行【转换】→【单体补正】命令，系统弹出提示【选取线、圆弧、曲线或曲面去补正】，则选取需要补正操作的图素，接着在系统弹出的【补正】对话框中设置各项参数，如图 3-23a 所示。接下来系统提示【指定补正方向，则利用光标在绘图区中选择补正方向。图 3-23b 是单体补正操作的示例。

等比例缩放　　　　　不等比例缩放

图 3-22　比例对话框

a)　　　　　　　　　　　　b)

图 3-23　【补正】对话框

在命令执行过程中每次仅能选择一个几何图形去补正，补正完毕后，系统提示【选取线、圆弧、曲线或曲面去补正】，则接着选下一个要补正的对象。操作完毕后，按 Esc 键结束补正操作。

7．串连补正

串连补正是对串连图素进行偏置。

【例 3-3】将图形向外偏移。

光盘\视频教学\第3章\将图形向外偏移.avi

操作过程如下：

01 执行【转换】→【串连补正】命令。系统弹出提示【补正：选取串连 1】，并且弹出【串连选项】对话框。

02 选择串连图素，单击【串连选项】对话框中的 ✔ 按钮。

03 系统弹出【串连补正选项】对话框，选择【复制】单选项，设定【补正距离】为 10，【补正高度】为 5，其他参数采用默认值，如图 3-24 所示，系统显示预览图形。

04 单击【串连补正】对话框中的 ✔ 按钮。

在该对话框中，偏置深度是指新图形相对于源图形沿 Z 轴方向（构图深度）的变化；偏置锥度由偏置深度决定。如果选中绝对坐标，则偏置深度为新图形的 Z 坐标值，若选中增量坐标，则偏置深度为新图形相对于源图形沿 Z 轴方向的变化大小。在图中，设定了增量坐标，则原图与新生成的图在 Z 轴方向相差 10mm。

由于在串连对话框中设置了偏置后，新生图形的拐角处用圆弧代替，所以原来的矩形尖角经过偏置后变成了圆角。

8. 投影

该功能将选定的对象投影到一个指定的平面上。执行【转换】→【投影】命令，系统弹出提示【选取图素去投影】，则选取需要投影操作的图素，接着按 Enter 键，系统弹出【投影加工】对话框，对话框中各项参数的意义如图 3-25 所示。

图 3-24　【串连补正选项】对话框

投影命令具有三种投影方式可供选择，分别是投影到构图面、投影到平面、投影到曲面。选择投影到构图面需要设定投影深度；选择投影到平面需要选择及设定图 3-24 所示的平面选项；选择投影到曲面需要选定目标面。

其中投影到曲面又分为沿构图面方向投影和沿曲面法向投影。当相连图素投影到曲面时不再相连，此时就需要通过设定连接公差使其相连。

曲面投影选项中的【点/线】按钮请参考 Mastercam 帮助文件。

9. 阵列

阵列功能是绘图中经常用到的工具，它是指将选中的图素沿两个方向进行平移并复制的操作。

图 3-25 投影对话框　　　　图 3-26 【矩形阵列选项【对话框

执行【转换】→【阵列】命令，系统弹出提示【选取图素去阵列】，则选取需要阵列操作的图素，接着按 Enter 键，系统弹出【矩形阵列选项】对话框，对话框中各项参数的意义如图 3-26 所示。

10. 缠绕

缠绕功能是将选中的直线、圆弧、曲线盘绕于一圆柱面上，该命令还可以把一缠绕的图形展开成线，但与原图形有区别。

执行【转换】→【缠绕】命令，系统弹出提示【缠绕：选取串连 1】，则选取需要缠绕操作的图素，接着单击【串连选项】对话框中的 ✔ 按钮，系统弹出【缠绕选项】对话框，对话框中各项参数的意义如图 3-27a 所示，选取相应参数后，系统显示虚拟缠绕圆柱面，并且显示缠绕结果，图 3-27b 显示了此结果。

a)　　　　　　　　　　　　b)

图 3-27 缠绕选项与缠绕结果示例

缠绕时的虚拟圆柱由定义的缠绕半径、构图平面内的轴线（本例为 Y 轴）决定。旋转方向可以是顺时针，也可以是逆时针。

11. 拖曳

该功能将选择的对象进行平移、旋转操作。执行【转换】→【拖曳】命令，系统弹出提示【选择要拖曳的图素】，则选取需要拖曳操作的图素，接着按 Enter 键，系统弹出拖曳 Ribbon 工具条，如图 3-28 所示，同时系统弹出提示【选取起点】，则选择拖曳的起点，接着图形会随着光标的移动而移动，单击鼠标左键，则新生成的图形显示在绘图区中，接着新的图形随着光标而移动，因此拖曳图形可以重复很多次操作，操作完毕后，按 Esc 键退出。

图 3-28 拖曳 Ribbon 工具条

拖曳功能与平移、旋转功能相比，它操作随意，在绘图区中随光标的位置来定位，因此图形的定位不如平移、旋转功能准确。

3.2 二维图形的标注

图形标注是绘图设计工作中的一项重要任务，主要包括各类尺寸标注、注释文字和剖面线等方面。由于 Mastercam 系统的最终目的是为了生成加工用的 NC 程序，所以本书仅是简单介绍这方面的功能。

3.2.1 尺寸标注

一个完整的尺寸标注由一条尺寸线、两条尺寸界线、标注文本和两个尺寸箭头 4 个部分组成，如图 3-29 所示。Mastercam 系统把尺寸线分成了两部分，按标注时先选择的一边作为第一尺寸线。另一边为第二尺寸线。它们的大小、位置、方向、属性、显示情况都可以通过菜单工具来设定。

下面对组成尺寸标注的各部分加以说明：

1) 尺寸线：用于标明标注的范围。Mastercam 通常将尺寸线放置在测量区域中，如果空间不足，则将尺寸线或文字移到测量区域的外部，这取决于标注尺寸样式的旋转规则。尺寸线一般分为两段，可以分别控制它们的显示。对于角度标注，尺寸线是一段圆弧。尺寸线应使用细线进行绘制。

2) 尺寸界线：从标注起点引出的标明标注范围的直线，可以从图形的轮廓线、轴线、对称中心线引出，同时，轮廓线、轴线及对称中心线也可以作为尺寸界限。尺寸界线也应使用细线进行绘制。

3) 标注文本：用于标明图形的真实测量值。标注文本可以只反映基本尺寸，也可以带尺寸公差。标注文本应按标准字体书写，同一个图形上的字高一致；在图中遇到图线时，须将图线断开；尺寸界线断开影响图形表达，则应调整尺寸标注的位置。

图 3-29 尺寸标注组成

4）箭头：箭头显示在尺寸线的末端，用于指出测量的开始和结束位置。

5）起点：尺寸标注的起点是尺寸标注对象的定义点，系统测量的数据均以起点为计算点，起点通常是尺寸界线的引出点。

尺寸线、尺寸界线、标注文本和尺寸箭头的大小、位置、方向、属性都可以通过菜单工具来设定。执行【绘图】→【尺寸标注】→【选项】命令，系统弹出【自定义选项】对话框，如图 3-30 所示，用户可对其中的参数进行设定，每进行一项参数的设定，对话框中的预览都会根据设定而改变。

对于已经完成的标注。用户可以通过执行【绘图】→【尺寸标注】→【多重编辑】命令，再选择需要编辑的标注，进行属性编辑。

图 3-30 【自定义选项】对话框

Mastercam 系统为用户提供了 11 种尺寸标注方法，执行【绘图】→【尺寸标注】→【标注尺寸】命令，系统弹出标注尺寸的子菜单，如图 3-31 所示。

水平标注、垂直标注、角度标注、直径标注、平行标注的示例如图 3-32 所示，这几种标注操作比较简单，执行标注命令后，按照系统提示的步骤操作即可。

图 3-31 标注尺寸子菜单   图 3-32 标注示例

下面介绍其他的几种标注方法：

1. 基准标注

基准标注命令是以已有的线性标注（水平、垂直或平行标注）为基准对一系列点进行线性标注，标注的特点是各尺寸为并联形式。

【例 3-4】标注如图 3-33 所示的尺寸。

 光盘\视频教学\第3章\基准标注.avi

操作步骤如下：

01 执行【绘图】→【尺寸标注】→【标注尺寸】→【基准标注】命令，系统提示【选取一线性尺寸】。

02 选取已有的线性尺寸，本例选取尺寸为30。

03 系统提示【指定第二个端点】，选取第二个尺寸标注端点 P1，因为 P1 与 A1 的距离大于 P1 与 A2 的距离，点 A1 即作为尺寸标注的基准。系统自动完成 A1 与 P1 间的水平标注。

04 依次选取点 P2、P3，可绘制出相应的水平标注，如图 3-33 所示。

05 按 Esc 键返回。

图 3-33 基准标注

图 3-34 点位标注

2．点位标注

点位标注用来标注图素上某个位置的坐标值。

操作步骤如下：

01 执行【绘图】→【尺寸标注】→【标注尺寸】→【点位标注】命令，系统弹出提示【点：选择要标示坐标的点】。

02 选择图素上一点，如图 3-34 所示。

03 移动光标把注释文字放置于图中合适的位置。

04 重复步骤 **02** ，**03** ，标注图素上的其他点。

05 按 Esc 键返回。

3．相切标注

相切标注命令用来标注出圆弧与点、直线或圆弧等分点间水平或垂直方向的距离。

【例 3-5】 标注如图 3-35 所示的图形。

 光盘\视频教学\第3章\相切标注.avi

操作步骤如下：

01 执行【绘图】→【尺寸标注】→【标注尺寸】→【相切标注】命令。

02 选取直线 L1。

03 选取圆 A1。

04 用鼠标拖动标注至合适位置单击，完成相切标注 20。

05 选取直线、圆弧或点，可完成如图 3-35 示的相切标注 20 和 35，标注完成后按 Esc 键返回。

图 3-35　相切标注

在圆弧上的端点为圆弧所在圆的 4 个等分点之一（ 水平相切标注为 0°或 180°4 等分点，垂直相切标注为 90°或 270°4 等分点）。相切标注在直线上的端点为直线的一个端点。对于点，选取点即为相切标注的一个端点。

Mastercam 系统提供了一种智能标注方法，称作快速标注。执行【绘图】→【尺寸标注】→【快速标注】命令，系统根据选取的图素，自动选择标注方法，当系统不能完全识别时，用户可利用快速标注的 Ribbon 工具栏（如图 3-36 所示），帮助系统完成标注。

Mastercam 系统支持当图素修改后，相应的尺寸标注也可以自动跟随变化。用户可以对此功能进行设定，方法是执行【绘图】→【尺寸标注】→【重建】→【快速重建尺寸标

注】命令。

图 3-36 快速标注 Ribbon 工具条

3.2.2 图形标注

1. 图形注释

执行【绘图】→【尺寸标注】→【注解文字】命令，系统弹出【注解文字】对话框，如图 3-37 示，用户在此对话框中加入文字及设置参数。完成后，在图形指定位置加上注解。

2. 延伸线

延伸线指的是在图素和相应注释文字之间的一条直线。执行【绘图】→【尺寸标注】→【延伸线】命令，系统提示【指定第一个端点】，则在绘图区选择一点，接着系统提示【指定第二个端点】，则在绘图区选择第二个点，引出线就绘制出来了，当然第一点的选择要靠近说明的图素，第二点靠近文本。图 3-38 所示是延伸线的示例。

图 3-37 【注解文字】对话框

图 3-38 延伸线示例

3. 引导线

引导线与延伸线相比，差别在于它带箭头，且是折线，它也是连接图素与相应注释文字之间的一种图形。执行【绘图】→【尺寸标注】→【引导线】命令，系统提示【指定引导线箭头位置】，在需要注释的图素上放置箭头，接着系统提示【指定引导线尾部位置1】，指定后，系统再次提示【指定引导线尾部位置2】，按 Esc 键退出，则在绘图区中指定引导线尾部的第二个端点，系统继续会提示确定尾部的其他各点，完成后按 Esc 键退出引导线绘制操作。

3.2.3 图案填充

在机械工程图中，图案填充用于表达一个剖切的区域，而且不同的图案填充表达不同的零部件或者材料。Mastercam 系统提供了图案填充的功能。具体操作步骤是：

1）执行【绘图】→【尺寸标注】→【剖面线】命令，打开如图 3-39 所示的【剖面线】对话框，用户根据绘图要求选择所需的剖面线图样，如果在【剖面线】对话框中未找到所需的剖面线，则可单击【用户定义的剖面线图样】按钮，进入图 3-40 所示的【自定义剖面线图样】对话框，在对话框中定制新的图案样式。选定剖面线样式，设定好剖面线参数后，单击【剖面线】对话框中的 ✔ 按钮。

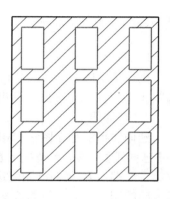

图 3-39 【剖面线】对话框　　图 3-40 【自定义剖面线图样】对话框　　图 3-41 剖面线示例

2）系统提示【剖面线：选取串连 1】，选取剖面线的外边界。

3）系统接着提示【剖面线：选取串连 2】，接着选取其他剖面线边界。

4）选取完毕后，单击【串连选项】对话框中的 ✔ 按钮。

操作完以上步骤后，系统绘制出剖面线。图 3-41 所示是剖面线示例图。

3.3 综合实例——轴承座

本例在上一章的基础上进行图案填充和尺寸标注，如图 3-42 所示。

参见
光盘　　光盘\视频教学\第3章\轴承座.avi

操作步骤如下：

01 绘制剖面线准备工作。由于 Mastercam 只能对首尾相接的封闭空间进行填充。此时需将绘制剖面线的空间提取出来，因此需要删去部分线。执行【编辑】→【修剪/打断】→【修剪/打断/延伸】命令，在 Ribbon 工具条中单击【分割物体】按钮，接着选取需要删去的线。注意光标放到的位置即是要删除的一段，修剪完的图形如图 3-43 所示。

02 绘制剖面线。执行【绘图】→【尺寸标注】→【剖面线】命令，系统弹出【剖面线】对话框，对话框中的参数按照图 3-44 所示设置，设置好参数后，单击【剖面线】对话框中的【确定】按钮，接下来系统弹出【串连选项】对话框，且系统提示【剖面线：选取串连 1】，则按照图 3-45 所示，依次选取孤岛 I1、I2、I3、I4，选取完串连图素后，单击【串连选项】对话框中的【确定】 按钮，接着系统显示剖面线，如图 3-46 所示。

图 3-42　轴承座

图 3-43　删除结果

图 3-44　【剖面线】对话框

03 把 **01** 删除的图素利用绘图命令全部补齐。

04 根据三视图原理，把各视图中缺少的线补齐，添全所有的中心线，完成整个轴承座的绘制，绘制好的图形如图 3-47 所示。

05 标注尺寸。设置编辑图层为 3，线型设定为实线线，线宽设定为第一种线宽，颜色设定为蓝色（代号 9）。

❶执行【绘图】→【尺寸标注】→【标注尺寸】→【水平标注】命令，根据系统提示指定第一个端点和第二个端点，用鼠标拖动标注至合适位置单击，完成水平标注 85，同理，标注其他水平尺寸。

❷执行【绘图】→【尺寸标注】→【标注尺寸】→【圆弧标注】命令，根据系统提示

选择要标注的圆弧和圆，用鼠标拖动标注至合适位置单击，完成圆弧标注。

图 3-45 选取串连图素　　图 3-46 第 2 步所示的结果　　图 3-47 轴承座

最后完成轴承座的绘制，结果如图 3-47 所示。

3.4　思考与练习

1．尺寸标注通常包括哪几部分？
2．复制图形，可以采用哪些方法？
3．绘制边界盒的目的是什么？

3.5　上机操作与指导

绘制并标注如图 3-48 所示的图形。

图 3-48　绘制心形图形练习

第 4 章

三维实体的创建与编辑

实体造型是目前比较成熟的造型技术，因其思想简单、过程直观、效果逼真，而被广泛应用。

Mastercam 提供了强大的三维实体造型功能，它不仅可以创建最基本的三维实体，而且还可以通过挤出、扫描、旋转等操作创建复杂的三维实体。同时它还提供了强大的实体编辑功能。本章着重讲述了实体的创建与编辑基本概念及方法。

学 习 要 点

◎ 三维实体的创建

◎ 实体的编辑

4.1 实体绘图概述

📖 4.1.1 三维形体的表示

在计算机中形体常用的表示方法有：线框模型、表面模型和实体模型。

1. 线框模型

线框模型是计算机图形学和 CAD/CAM 领域中最早用来表达形体的模型，并且至今仍在广泛应用。20 世纪 60 年代初期的线框模型仅仅是二维的，用户需要逐点、逐线地构建模型。目的是用计算机代替手工绘图。由于图形几何变换理论的发展，认识到加上第三维信息再投影变换成平面视图是很容易的事，因此三维绘图系统迅速发展起来，但它同样仅限于点、线和曲线的组成。图 4-1 所示为线框模型在计算机中存储的数据结构原理。图中共有两个表，一个为顶点表，它记录各顶点的坐标值；另一个为棱线表，记录每条棱线所连接的两个顶点。由此可见三维物体是用它的全部顶点及边的集合来描述，线框一词由此而得名。

棱线号	顶点号	
1	1	2
2	2	3
3	3	4
4	4	1
5	5	6
6	6	7
7	7	8
8	8	5
9	1	5
10	2	6
11	3	7
12	4	8

顶点号	坐标值		
	x	Y	z
1	1	0	0
2	1	1	0
3	0	1	0
4	0	0	0
5	1	0	1
6	1	1	1
7	0	1	1
8	0	0	1

图 4-1 线框模型在计算机中存储的数据结构原理

线框模型的优点如下：

（1）由于有了物体的三维数据，可以产生任意视图，视图间能保持正确的投影关系，这为生成多视图的工程图带来了很大方便。还能生成任意视点或视向的透视图以及轴测图，这在二维绘图系统中是做不到的。

（2）构造模型时操作简便，在 CPU 反应时间以及存储方面开销低。

（3）用户几乎无须培训，使用系统就好像是人工绘图的自然延伸。

缺点如下：

（1）线框模型的解释不唯一。因为所有棱线全都显示出来，物体的真实形状需由人脑的解释才能理解，因此会出现二义性理解。此外当形状复杂时，棱线过多，也会引起模糊理解。

（2）缺少曲面轮廓线。

（3）由于在数据结构中缺少边与面、面与体之间关系的信息，即所谓的拓扑信息，因此不能构成实体，无法识别面与体，更谈不上区别体内与体外。因此从原理上讲，此种模型不能消除隐藏线，不能做任意剖切，不能计算物性，不能进行两个面的求交，无法生成 NC 加工刀具轨迹，不能自动划分有限元网格，不能检查物体间的碰撞、干涉等。但目前有些系统从内部建立了边与面的拓扑关系，因此具有消隐功能。

尽管这种模型有许多缺点，但由于它仍能满足许多设计与制造的要求，加上上面所说的优点，因此在实际工作中使用很广泛，而且在许多 CAD/CAM 系统中仍将此种模型作为表面模型与实体模型的基础。线框模型系统一般具有丰富的交互功能，用于构图的图素是大家所熟知的点、线、圆、圆弧、二次曲线、Bezier 曲线等。

2．表面模型

与线框模型相比，表面模型多了一个面表，它记录了边与面的拓扑关系，图 4-2 所示为以立方体为例的表面模型的数据结构原理图，但它仍旧缺乏面与体之间的拓扑关系，无法区别面的哪一侧是体内还是体外。

由于增加了有关面的信息，在提供三维实体信息的完整性、严密性方面，表面模型比线框模型进了一步，它克服了线框模型的许多缺点，能够比较完整地定义三维实体的表面，所能描述的零件范围广，特别是像汽车车身、飞机机翼等难于用简单的数学模型表达的物体，均可以采用表面建模的方法构造其模型，而且利用表面建模能在图形终端上生成逼真的彩色图像，以便用户直观地从事产品的外形设计，从而避免表面形状设计的缺陷。另外，表面建模可以为 CAD/CAM 中的其他场合提供数据，例如有限元分析中的网格的划分，就可以直接利用表面建模构造的模型。

表面模型的缺点是只能表示物体的表面及其边界，它还不是实体模型。因此，不能实行剖切，不能计算物性，不能检查物体间的碰撞和干涉。

3．实体模型

表面模型存在的不足本质在于无法确定面的哪一侧是实体，哪一侧不存在实体（即空的），因此实体模型要解决的根本问题在于标识出一个面的哪一侧是实体，哪一侧是空的。为此，对实体建模中采用的法向矢量进行约定，即面的法向矢量指向物体之外。对于一个面，法向矢量指向的一侧为空，矢量指向的反方向为实体，对构成的物体的每个表面进行这样的判断，最终即可标识出各个表面包围的空间为实体。为了使得计算机能识别出表面的矢量方向，将组成表面的封闭边定义为有向边，每条边的方向顶点编号的大小确定，即有编号小的顶点（边的起点）指向编号大的顶点（边的终点）为正，然后用有向边的右手法则确定所在面的外法线的方向，如图 4-3 所示。

坐标值				棱线号	顶点号	
	x	y	z	1	1	2
1	1	0	0	2	2	3
2	1	1	0	3	3	4
3	0	1	0	4	4	1
4	0	0	0	5	5	6
5	1	0	1	6	6	7
6	1	1	1	7	7	8
7	0	1	1	8	8	5
8	0	0	1	9	1	5
				10	2	6
				11	3	7
				12	4	8

表面	棱线号			
1	1	2	3	4
2	5	6	7	8
3	2	3	7	6
4	3	7	8	4
5	8	5	1	4
6	1	2	6	5

图 4-2　以立方体为例的表面模型的数据结构原理

图 4-3　有向棱边决定外法线方向

　　实体模型的数据结构不仅记录了全部的几何信息，而且记录了全部点、线、面、体的拓扑信息，这是实体模型与线框模型的根本区别。正因为此，实体模型成了设计与制造自动化及集成的基础。依靠计算机内完整的几何和拓扑信息，所有前面提到的工作，从消隐、剖切、有限元网格划分直到数控刀具轨迹生成都能顺利实现，而且由于着色、光照以及纹理处理等技术的运用使得物体有着出色的可视性，使得它在 CAD/CAM 领域外也有广泛应用，如计算机艺术、广告、动画等。

实体模型目前的缺点是尚不能与线框模型以及表面模型间进行双向转化，因此还没能与系统中线框模型的功能以及表面模型的功能融合在一起，实体造型模块还时常作为系统的一个单独的模块。但近年来情况有了很大改善，真正以实体模型为基础的、融 3 种模型于一体的 CAD 系统已经得到了应用。

4.1.2 构图平面和工作深度

构图平面是一个可在三维空间任何位置定义的平面，用户在它上面绘制几何图形，也就是说，绘制几何图形时总是在构图平面上进行操作的。在二维环境下，所有几何图形都绘制在单个平面上，通常，系统默认的 Top 平面能满足二维工作的需要。在三维环境中工作时，用户可以使用 7 种最常用的构图面（俯视构图面、前视构图面、侧视构图面、按实体面定面、按图形定面，指定视角及绘图面等于屏幕视角）。单击工具栏中【构图抽屉】按钮，弹出如图 4-4 所示的菜单，菜单中各项的意义如下：

图 4-4　构图面菜单

：俯视图，如图 4-5a 所示。

：前视图，如图 4-5b 所示。

：右视图，如图 4-5c 所示。

a）俯视构图面　　　　　b）前视构图面　　　　　c）侧视构图面

图 4-5　三种基本构图面

:实体顶面。执行此命令后，用户可以通过选择实体面来确定当前所使用的构图面，如图 4-6 所示。

:图素定面。执行此命令后，用户可以通过选择绘图区内的某一平面几何图形、两条线、3 个点来确定当前所使用的构图面。图 4-7 选择 L1 和 L2 两相交直线，系统给出由 X 轴、Y 轴、Z 轴构成的坐标系，通过选择 Z 轴方向后，L1 和 L2 就构成了一个构图平面。

图 4-6　选择实体面为构图面

图 4-7　选择图素构成构图面

:指定视角。执行此命令后，系统弹出如图 4-8 所示的【视角选择】对话框，用户可以选择对话框中罗列的构图面作为绘图平面。

:平面=屏幕视角。执行此命令后，当前使用构图面与当前所选择的视图相同。例如当前视图为前视图，则执行此命令后，构图面转换为前视构图面。

要使用更多的构图功能，用户可以单击状态栏中的【平面】按钮，弹出如图 4-9 所示的菜单，菜单内的构图面命令意义都很直观，读者很容易看懂，现就常用的旋转定面与法线定面进行介绍：

图 4-8　视角选择对话框

图 4-9　构图面子菜单

:旋转顶面。执行该选项，可以通过旋转当前构图面来创建新的构图面，系统弹出的【旋转视图】对话框要求用户输入当前构图面绕哪个坐标轴旋转，旋转量是多少，设置好这些参数后，单击【旋转视图】对话框中的【确定】按钮，则新的构图面被生成。

![法向定面图标] ：法向定面。法线构图面指的是新生成的构图面垂直于所选择的直线段。

构图深度是指利用构图深度来进一步区分构图面，使图形的空间位置不同。构图深度与构图面的关系如图 4-10a 所示，构图深度设定如图 4-10b 所示。

在绘制几何图形时，如果是捕捉几何图形上的某点来绘制几何图形，则所绘制几何图形的 Z 深度为捕捉点的 Z 深度，当前设置的 Z 深度对其无效。

图 4-10　构图深度

📖4.1.3　Mastercam 的实体造型

三维实体造型是目前大多数 CAD/CAM 集成软件具有的一种基本功能，Mastercam 自 7.0 版本增加实体设计功能以来，目前已经发展成为一套完整成熟的造型技术。它采用 Parasolid 为几何造型核心，可以在熟悉的环境下非常方便直观地快速创建实体模型。它具有以下几个主要特色：

1）通过参数快捷地创建各种基本实体。

2）利用拉伸、旋转、扫掠、举升等命令创建形状比较复杂的实体。

3）强大的倒圆、倒角、修剪、抽壳、布尔运算等实体编辑功能。

4）可以计算表面积、体积以及重量等几何属性。

5）实体管理器使得实体创建、编辑等更加高效。

6）提供了与当前其他流行的造形软件的无缝接口。

📖4.1.4　实体管理器

实体管理器供用户观察并编辑实体的操作记录。它以阶层结构方式依产生顺序列出每个实体的操作记录，在实体管理器中，一个实体由一个或一个以上的操作组成，且每个操作分别有自己的参数和图形记录。

1. 图素关联的概念

图素关联是指不同图素之间的关系。当第二个图素是利用第一图素来产生时，那么这两个图素之间就产生了关联的关系，也就所谓的父子关系。由于第一个元素是产生者，因此称为父，第二个元素是被产生者，因此称为子。子元素是依存在父元素而存在的，因此当父元素被删除或被编辑时，子元素也会跟着被删除或被编辑。实体的图素关联会发生在以下的情形：

（1）实体（子）和用于产生这个实体的串连外形（父）之间有图素关联关系。

（2）以旋转操作产生的实体（子）和其旋转轴（父）之间有图素关联关系。

（3）扫描实体（子）和其扫描路径（父）之间有图素关联关系。

如果对父图素做编辑，则实体成为待计算实体（系统会在实体和操作上用一红色【X】做标记）。如果试图删除一父图素，屏幕上会出现警告提示，选择【是】删除父图素时，系统会让实体称为无效实体，选择【否】则取消删除指令。

对于待计算实体，要看到编辑后的实体结果，必须要让系统重新计算。在实体管理器中选择【Regen All（全部重建）】让系统重新计算以生成编辑后的实体。

无效实体是指因对实体作了某些改变，经过重新计算后仍然无法产生的实体。当让系统重新计算实体遭遇问题时，系统会回到重新计算之前的状态，并于实体管理器在有问题的实体和操作上以一红色的【？】号做标记，以便让用户对它进行修正。

2．右键菜单

在操作管理器中单击鼠标右键，弹出右键菜单，但依鼠标所指位置不同右键菜单的内容也有所不同。图 4-11 分别为实体、实体的某一操作和空白区域的右键菜单。菜单的内容大同小异，下面对主要选项进行说明。

（1）删除实体或操作。在列表中选取实体或实体操作，选择快捷菜单中的 Delete 选项或直接按 Delete 键可将选取的实体或操作删除。

值得注意的是，不能删除基本实体操作和工具实体。当删除了布尔操作时，其工具实体将不再与目标实体关联而成为一个单独的实体。

（2）禁用操作。在列表中选取一个或多个操作，选择快捷菜单中的【禁用】选项后，系统将该操作隐藏起来，并在绘图区显示出隐藏了操作的实体。再次选择【禁用】选项可以重新恢复该操作。

图 4-11　右键快捷菜单

（3）改变结束标志的位置。在实体管理器的所有实体操作列表中，都有一个结束标志。用户可以将结束标志拖动到该实体操作列表中允许的位置来隐藏后面的操作。

值得注意的是，实体的结束标志只能拖动到该实体的某个操作后，即至少前面有该实体的基本操作。同时也不能拖动到其他的实体操作列表中。

（4）改变实体操作的次序。在实体管理器中可以用拖拉的方式移动一操作到某一新的位置以改变实体操作的顺序，从而产生不同的结果。当移动一被选择的操作（按住鼠标左键不放）越过其他操作时，如果这项移动系统允许的话，光标会变成向下箭头，移动到合适位置放掉鼠标左键就可以将这项操作插入到该位置。如果系统不允许，则光标会变成 ⊘。

（5）编辑实体操作的参数。在实体的操作列表中，图标 📁 表示包含有可编辑的参数，双击该图标系统将自动返回到设置该操作参数的对话框或子菜单中。这时用户可以重新设置该操作的参数，设置完成后单击 ✔ 按钮即可返回实体管理器中。

（6）编辑实体操作的图素。在实体的操作列表中，图标 🖼 表示包含有可编辑的图素，双击该图标后，对于不同的操作，系统返回的位置不同。这时用户可以重新设置该操作的参数，设置完成后单击 ✔ 按钮即可返回实体管理器中。

4.2 三维实体的创建

Mastercam 自 7.0 版开始加入了实体绘图功能，它以 Parasolid 为几何造型核心。Mastercam 既可以利用参数创建一些有规则的、固定形状的三维基本实体，包括圆柱体、圆锥体、长方体、球体和圆环体等。也可以利用挤出、旋转、扫描、举升等创建功能再结合倒圆、倒角、抽壳、修剪、布尔运算等编辑功能创建复杂的实体。由于基本实体的创建与三维基本曲面的创建大同小异，所以本节不再介绍，读者可以参考三维基本曲面创建的相关内容。

📖4.2.1 挤出实体

挤出实体功能可以将空间中共平面的二维串连外形截面沿着一直线方向拉伸为一个或多个实体或对已经存在的实体做切割（除料）或增加（填料）操作。

【例 4-1】创建如图 4-12 所示的挤出实体。

图 4-12　挤出实体

　光盘\视频教学\第4章\挤出实体.avi

操作步骤如下：

01 执行【文件】→【打开文件】命令，在弹出的【打开】对话框中选择【光盘\初始文件\第4章\例4-1】文件，执行【实体管理器】→【挤出】命令，开始创建拉伸实体。

02 系统弹出的【串连选项】对话框，设置相应的串连方式，并在绘图区域内选择要拉伸实体的图素对象，如图4-13所示，并单击该对话框中的 ✔ 按钮。

03 系统弹出的【挤出串连】对话框，如图4-14所示，【挤出】选项卡设置如图4-14所示，最后单击该对话框中的 ✔ 按钮，结果如图4-12所示。

图4-13　选择拉伸实体图素

图4-14　实体挤出的设置

【挤出串连】对话框包含【挤出】和【薄壁设置】两个选项卡，分别用于设置挤出操作以及薄壁的相关参数，具体含义如下：

1．挤出参数设置

【挤出】选项卡主要用于对挤出相关参数进行设置，如图4-14所示，其主要选项的含义如下：

（1）【层别名称】：设置拉伸实体的名称，改名称可以方便后续操作中识别。

（2）【挤出操作】：设置挤出操作的类型，包括，建立实体，即创建一个新的实体；切割实体，即用创建的实体去切割原有的实体；增加凸缘，即将创建的实体添加到原有的实体上。

（3）【草图】：设置拔模角相关参数。其中，朝外表示拔模的方向向外（如图4-15所示），角度设置拔模斜度的角度值。

图4-15　拔模角度的方向

（4）【挤出的距离/方向】：设置拉伸操作的距离和方向，它提供以下的几种选项：

1）【按指定的距离延伸】：按照给定的距离与方向生成拉伸实体，其中拉伸的距离值为【距离】文本框中值。

2）【全部贯穿】：拉伸并修剪至目标体。

3）【延伸到指定点】：拉伸实体至某一指定点。

4）【按指定的向量】：依照指定的向量（x, y, z 坐标）来拉伸实体，这个向量不仅定义了方向，也定义了在该方向上拉伸的距离。例如，输入（0,0,5）作为向量，则系统会向 z 轴方向拉伸 5mm 来创建实体。

5）【重新选取】：重新选取挤出实体的方向

6）【修剪到指定的曲面】：将创建或切割所建立的实体修整到目标实体的面上；这样可以避免增加或切割的实体时贯穿到目标实体的内部。只有选择建立实体或切割实体时才可以选择该参数。

7）【更改方向】：以目前设定的拉伸方向的反方向来拉伸实体。

8）【两边同时延伸】：以设置的拉伸方向及反方向同时来拉伸实体。

9）【双向拔模】：从串连的外形以正反拉伸方向分别创建拔模角。

2．薄壁参数设置

【薄壁设置】选项卡用于设置薄壁的相关参数，如图 4-16 所示，且所有的参数只有在勾选【薄壁设置】复选框时，系统才会允许设置。薄壁常用于创建加强筋或美工线。下面对该选项卡中的各选项含义进行介绍。

（1）【薄壁实体】：以封闭式串连外形来创建薄壁实体时，厚度从串连选择的外形向内生成，且厚度值由【朝内的厚度】文本框中输入。

（2）【厚度朝内】：以封闭式串连外形来创建薄壁实体时，厚度从串连选择的外形向外生成，且厚度值由【朝外的厚度】文本框中输入。

（3）【厚度朝外】：以封闭式串连外形来创建薄壁实体时，厚度从串连选择的外形向内和向外两个方向生成，且厚度值由【朝内的厚度】和【朝外的厚度】文本框中分别输入。

图 4-16　薄壁设置选项卡

（4）【开放轮廓的两端同时产生拔模角】：此选项会在开放式外形两端的实体面创建拔模角，必须有设定拔模角时才能选择该参数。

值得注意的是：在进行拉伸实体操作时，可以选择多个串连图素，但这些图素必须在同一个平面内，而且还必须是首尾相连的封闭图素，否则无法完成拉伸操作。但在拉伸薄壁时，则允许选择开式串连。

4.2.2　旋转实体

实体旋转功能可以将串连外形截面绕某一旋转轴并依照输入的起始角度和终止角度旋

转成一个或多个新实体或对已经存在的实体做切割（除料）或增加（填料）操作。

【例 4-2】创建如图 4-17 所示的旋转实体。

光盘\视频教学\第4章\旋转实体.avi

操作步骤如下：

01 执行【文件】→【打开文件】命令，在弹出的【打开】对话框中选择【光盘\初始文件\第 4 章\例 4-2】文件，执行【实体管理器】→【旋转】命令，开始创建旋转实体。

02 系统弹出【串连选项】对话框，设置相应的串连方式，并在绘图区域内选择要旋转实体的图素对象，如图 4-18 所示，并单击该对话框中的 ✔ 按钮。

03 在绘图区域选择旋转轴，并可利用系统弹出的【方向】对话框修改或确认刚选择的旋转轴。

04 系统弹出的【旋转实体的设置】对话框（如图 4-19 所示）设置起始角度为 0，终止角度为 360，最后单击该对话框中的 ✔ 按钮，结果如图 4-17 所示。

图 4-17　旋转实体　　　图 4-18　选择旋转实体的图素　　　图 4-19　【旋转实体的设置】对话框

【旋转实体的设置】对话框中的【角度/轴向】选项用于设置旋转操作的起始和终止角度以及旋转方向。其他选项的含义则与【挤出串连】对话框中的类似，这里不再一一赘述，读者可以自行领会。

4.2.3　扫描实体

扫描实体功能可以将封闭且共平面的串连外形沿着某一路径扫描以创建一个或一个以上的新实体或对已经存在的实体做切割（除料）或增加（填料）操作，断面和路径之间的角度从头到尾会被保持着。

【例 4-3】创建如图 4-20 所示的扫描实体。

光盘\视频教学\第4章\扫描实体.avi

操作步骤如下：

01 执行【文件】→【打开文件】命令，在弹出的【打开】对话框中选择【光盘\初始文件\第4章\例4-3】文件，执行【实体管理器】→【扫描】命令，开始创建扫掠实体。

02 系统弹出【串连选项】对话框，设置相应的串连方式，并在绘图区域内选择圆为图素对象，如图4-21所示，并单击该对话框中的 ✔ 按钮。

03 在绘图区域选择图4-21所示的扫描轨迹为扫掠路径。

04 系统弹出的【扫描实体】对话框（如图4-22所示），选择【创建主体】单选按钮，最后单击该对话框中的 ✔ 按钮，结果如图4-20所示。

由于【扫描实体】对话框选项的含义在上面都已经介绍过，这里不再叙述。

图4-20　扫描实体　　图4-21　选择要扫掠实体的图素对象　　图4-22　扫描实体的设置对话框

4.2.4　举升实体

举升实体功能可以以几个作为断面的封闭外形来创建一个新的实体，或对已经存在实体做增加或切割操作。系统依选择串连外形的顺序以平滑或是线性（直纹）方式将外形之间熔接而创建实体，如图4-23所示。要成功创建一个举升实体，选择串连外形必须符合以下原则：

1）每一串连外形中的图素必须是共平面，串连外形之间不必共平面。

2）每一串连外形必须形成一封闭式边界。

3）所有串连外形的串连方向必须相同。

4）在举升实体操作中，一个串连外形不能被选择两次或两次以上。

5）串连外形不能自我相交。

6）串连外形如有不平顺的转角，必须设定（图素对应），以使每一串连外形的转角能相对应，后续处理倒角等编辑操作才能顺利执行。

【例4-4】创建如图4-23所示的举升实体。

光盘\视频教学\第4章\举升实体.avi

操作的步骤如下：

01 执行【文件】→【打开文件】命令，在弹出的【打开】对话框中选择【光盘\初始文件\第4章\例4-4】文件，执行【实体管理器】→【举升】命令，开始创建举升实体。

02 系统弹出【串连选项】对话框，设置相应的串连方式，并在绘图区域内选择要举升实体的图素对象（此时应注意方向的一致性），如图 4-24 所示，并单击该对话框中的 ✔ 按钮。

03 系统弹出的【举升实体】对话框（如图 4-25 所示），选择【创建主体】单选项，勾选【以直纹方式产生实体】复选框，单击该对话框中的 ✔ 按钮，结果如图 4-24 所示。

图 4-23 举升实体　　图 4-24 选择要举升实体的图素对象　　图 4-25 【举升实体】对话框

4.2.5 圆柱体

【例 4-5】 创建如图 4-26 所示的圆柱体。

光盘\视频教学\第4章\圆柱体.avi

操作步骤如下：

01 单击【绘图】→【基本实体】→【圆柱体】按钮，系统弹出【圆柱】对话框，如图 4-27 所示，该菜单的选项是定义圆柱体形状和位置的全部参数，系统同时提示【选取圆柱体的基准点位置】，则在绘图区选中一点，作为圆柱体底面的中心点。

图 4-26 圆柱体示例　　　　　　图 4-27 【圆柱】对话框

02 单击【高度】和【圆柱半径】选项，可以设置圆柱体的高度和半径，这是圆柱体的形状参数。

03 设定圆柱体的【起始角度】和【终止角度】。

04 选择【轴】中的【X、Y、Z】选项或指定一条直线也可以指定两点作为圆柱体的轴线，来确定圆柱体位置的参数。

05 所有参数设置完成后，单击 ✔ 按钮，系统自动完成圆柱体的创建。

4.2.6 圆锥体

【例4-6】 创建如图4-28所示的圆锥体。

光盘\视频教学\第4章\圆锥体.avi

操作步骤如下：

01 单击【绘图】→【基本实体】→【圆锥体】按钮，系统弹出【锥体】对话框，如图4-29所示，该对话框是定义圆锥体形状和位置的全部参数，系统同时提示【选取圆锥体的基准点位置】，则在绘图区选中一点，作为圆锥体底面的中心点。

图4-28　圆锥体示例　　　　　　图4-29　【锥体】对话框

02 单击【半径】和【高度】选项，可以设置圆锥体的底圆半径和圆锥体高度，这是圆锥体的形状参数。

03 设置顶圆参数。激活夹角或者顶圆半径中的一项来设定顶圆参数。夹角指的是圆锥母线与底面的角度，确定此值后，由于底圆半径和高度已设，因此顶圆半径可以自动计算出。同理，设定顶圆半径后，由于底圆半径和高度已设，所以母线与底面的夹角可以自动计算出来。

04 设定圆锥体的【起始角度】和【终止角度】。

05 选择【轴】中的【X、Y、Z】选项或指定一条直线也可以指定两点作为圆柱体的轴线，来确定圆柱体位置的参数。

06 所有参数设置完成后，单击 ✔ 按钮，系统自动完成圆柱体的创建。

📖 4.2.7　立方体

【例 4-7】　创建如图 4-30 所示立方体。

参见光盘	光盘\视频教学\第4章\立方体.avi

操作步骤如下：

01 单击【绘图】→【基本实体】→【立方体】按钮，系统弹出【立方体】对话框，如图 4-31 所示，该对话框可以定义立方体形状和位置的全部参数，系统同时提示【选取立方体的基准点位置】，则在绘图区选中一点，作为立方体底面的基点（本例设底面中心点为基点）。

图 4-30　立方体示例

图 4-31　【立方体】对话框

02 单击【长度】、【宽度】和【高度】选项，可以设置立方体的长、宽、高，这是立方体的形状参数。

03 设置立方体的旋转角度。

04 选择定位方式。立方体底面为一矩形，此矩形有 9 个特征点，用户可以选择其中的一个作为立方体定位的基准点。

05 选择拉伸方向。

06 单击 ✔ 按钮，系统显示立方体。

4.2.8　球体

【例 4-8】　创建如图 4-32 所示的球体。

光盘\视频教学\第4章\球体.avi

操作步骤如下：

01 单击【绘图】→【基本实体】→【球体】按钮，系统弹出【圆球】对话框，如图 4-33 所示，该对话框可以定义球体形状和位置的全部参数，系统同时提示【选取球体的基准点位置】，则在绘图区选中一点，作为球的中心。

图 4-32　球体示例　　　　　　　　　　图 4-33　【圆球】对话框

02 单击【半径】选项，可以设置球体的半径，这是球体的唯一形状参数。

03 设置【初始角度】和【终止角度】。

04 确定旋转中心线。

05 单击 ✔ 按钮，系统显示球体。

4.2.9　圆环体

【例 4-9】创建如图 4-34 所示的圆环体。

光盘\视频教学\第4章\圆环体.avi

操作步骤如下：

01 单击【绘图】→【基本实体】→【圆环体】按钮，系统弹出【圆环体】对话框，如图 4-35 所示，该对话框可以定义圆环体形状和位置的全部参数，系统同时提示【选取圆环体的基准点位置】，则在绘图区选中一点，作为圆环的中心。

02 单击【半径】、【较小的半径】选项，可以设置圆环体的圆环中心线半径和圆环截面圆的半径，这是圆环体的形状参数。

03 设置【初始角度】与【终止角度】。

04 确定旋转中心线。

05 单击 ✔ 按钮，系统显示圆环体。

图 4-34 圆环体示例   图 4-35 【圆环体】对话框

4.3 实体的编辑

实体的编辑是指在创建实体的基础上，修改三维实体模型，它包括实体倒圆角、实体倒角、实体修剪以及实体间的布尔运算等操作，如图 4-36 所示。

4.3.1 实体倒圆角

1. 实体倒圆角

实体倒圆角是在实体的两个相邻的边界之间生成圆滑的过渡。Mastercam 可以用固定的半径和变化的半径两种形式对实体边界进行倒圆角。实体倒圆角的操作步骤如下：

（1）执行【实体管理器】→【圆角】→【倒圆角】命令。

（2）根据系统的提示在绘图区域选择实体的边缘，并按 Enter 键或单击【选择】工具栏中的 ● 按钮，结束倒圆边缘的选择。

（3）系统弹出的【倒圆角参数】对话框，如图 4-37 所示，设置相应的倒圆角参数，并单击该对话框中的 ✔ 按钮。

下面对该对话框中的各选项进行介绍：

（1）【名称】：实体倒圆角操作的名称，如图 4-38a 所示。

（2）【固定半径】：恒定半径的倒圆角方式，如图 4-38b 所示。

（3）【变化半径】：变化半径的倒圆角方式，如图 4-38c 所示。其中，圆角半径的变化方式可以分成两种：

1）【线性】：圆角半径采用线性变化。

2）【平滑】：圆角半径采用平滑变化。

图 4-36　实体编辑菜单　　　　　　　　　图 4-37　【倒圆角参数】对话框

（4）【半径】：用于设置倒角半径值。

（5）【角落斜接】：用于【恒定半径】倒角方式，处理 3 个或 3 个以上棱边相交的顶点。选择该项，顶点不平滑处理；不选择该选项，顶点平滑处理。

（6）【沿切线边界延伸】：选择该选项，倒圆角自动延长至棱边的相切处。

a）原实体　　　　　　　　b）实体倒圆（固定半径）　　　　　c）实体倒圆（变半径）

图 4-38　实体倒角示意

当【变化半径】处于激活状态时，该对话框中的【编辑（E）】按钮也被激活。单击该按钮，会弹出如图 4-39 所示的快捷菜单项。各选项的含义如下：

（1）动态插入：在选取要倒角的边上，移动光标来改变插入的位置。

（2）中点插入：在选取边的中点，插入半径点，并提示输入该点的半径值。

（3）修改位置：改变选取边上半径的位置，但不能改变端点和交点的位置。

（4）修改半径：修改边上指定点位置处的半径。

（5）移动：移动端点间的半径点，但不能移动端点。

（6）循环：循环显示各半径点，并可输入新的半径值改变各半径点的半径。

2．面倒圆角

面倒圆角是在两组面集之间生成圆滑的过渡，面倒圆角面的操作流程：

（1）执行【实体管理器】→【圆角】→【面与面】命令。

（2）根据系统的提示在绘图区域选择的一组面集，并按 Enter 键或单击【选择】工具栏中的●按钮。

（3）根据系统的提示在绘图区域选择的二组面集，并按 Enter 键或单击【选择】工具栏中的●按钮。

（4）系统弹出的【实体的面与面倒圆角参数】对话框，如图 4-40 所示，设置相应的倒圆角参数，并单击该对话框中的 ✔ 按钮。

图 4-39　快捷菜单项　　　　　　　　图 4-40　实体的面与面倒圆角参数对话框

【实体的面与面倒圆角参数】对话框的选项和【倒圆角参数】对话框大同小异，所不同的是面倒角方式选项不同。对于面倒圆角有三种方式：半径方式、宽度方式和控制线方式。

4.3.2　实体倒角

实体倒角也是在实体的两个相邻的边界之间生成过渡，所不同的是，倒角过渡形式是直线过渡而不是圆滑过渡，如图 4-41 所示。Mastercam 提供了 3 种倒角的方法：

图 4-41　实体倒圆与实体倒角对比示意

1）单个距离倒角，以单一距离的方式创建实体倒角，如图 4-42a 所示。

2）不同距离倒角，即以两种不同的距离的方式创建实体倒角，如图 4-42b 所示。单个距离倒角可以看作不同距离倒角方式两个距离值相同的特例。

3）距离/角度倒角，即一个距离和一个角度的方式创建一个倒角，如图 4-42c 所示。单个距离倒角可以看作距离/角度倒角方式角度为 45°时的特例。

a）单一倒角　　　　b）不同距离倒角　　　　c）距离/角度倒角

图 4-42　倒角方式示意

创建倒角的操作步骤如下：

1）根据需要，执行【实体管理器】→【倒角】菜单下的一种倒角类型。

2）根据系统的提示在绘图区域选择倒角的边缘（可以为整个实体、实体面或实体某些边），并按 Enter 键或单击【选择】工具栏中的●按钮。

3）系统弹出的【倒角参数】对话框，如图 4-43 所示，设置相应的倒角参数，并单击该对话框中的✔按钮。

图 4-43　【倒角参数】对话框

4.3.3　实体抽壳

实体抽壳可以将实体内部挖空。如果选择实体上的一个或多个面则将选择的面作为实体造型的开口，而没有被选择为开口的其他面则以指定值产生厚度；如果选择整个实体，系统则将实体内部挖空，不会产生开口。

【例 4-10】创建如图 4-44 所示的实体抽壳。

图 4-44　实体抽壳

　光盘\视频教学\第4章\实体抽壳.avi

操作步骤如下：

01 执行【实体管理器】→【抽壳】命令。

02 在绘图区选择实体的上表面为要开口的面，如图 4-45 所示。并按 Enter 键或单击【选择】工具栏中的●按钮。

03 系统弹出【实体抽壳】对话框，设置薄壳的方向是【两者】【朝内的厚】和【朝外的厚】都为 1，如图 4-46 所示，并单击该对话框中的✔按钮，结果如图 4-46 所示。

抽壳命令的选取对象可以是面或体。当选取面时，系统将面所在的实体作抽壳处理，并在选取面的地方有开口；当选取实体时，系统将实体挖空，且没有开口。选取面进行实体抽壳操作时，可以选取多个开口面，但抽壳厚度是相同的，不能单独定义不同的面具有不同的抽壳厚度。

图 4-45　选择要开口的面　　　　　　　　　　图 4-46　【实体薄壳】对话框

4.3.4　实体修剪

实体修剪就是使用平面、曲面或薄壁实体对实体进行切割，从而将实体一分为二。既可以保留切割实体的一部分，也可以两部分都保留。

【例 4-11】创建如图 4-47 所示的修剪实体。

光盘\视频教学\第4章\实体修剪.avi

创建步骤如下：

01 执行【实体管理器】→【修剪】命令。

02 系统弹出的【修剪实体】对话框，设置实体修剪到【曲面】，如图 4-48 所示。

03 根据系统的提示在绘图区域选择圆柱体为待修剪的实体（如果绘图区只有一个实体则不用选择），并按 Enter 键或单击【选择】工具栏中的●按钮。

04 在绘图区选择曲面为修剪平面（曲面或薄壁实体），如图 4-49 所示。

图 4-47　修剪实体　　　　图 4-48　选择修剪曲面　　　　图 4-49　【修剪实体】对话框

05 系统返回的【修剪实体】对话框，单击该对话框中的✓按钮，结果如图 4-47 所示。

📖4.3.5　薄片加厚

薄片是没有厚度的实体，该功能可以将薄片赋予一定的厚度。

【例4-12】创建如图4-50所示的薄片加厚。

图4-50　加厚薄片

　光盘\视频教学\第4章\薄片加厚.avi

操作步骤如下：

01 执行【文件】→【打开文件】命令，在弹出的【打开】对话框中选择【光盘\初始文件\第4章\例4-12】文件，执行【实体管理器】→【薄片加厚】命令，选择要加厚的薄片，如图4-51所示。

02 系统弹出【增加薄片实体的厚度】对话框，如图4-52所示，在对话框中输入加厚尺寸的【厚度】为4.0，选择加厚【方向】为【单侧】，接着单击✓按钮。

03 系统弹出【厚度方向】对话框，并且绘图区显示加厚方向箭头，如图4-53所示，如果与设计方向相反，则单击【切换（F）】按钮。

04 单击【厚度方向】对话框中的✓按钮，系统加厚实体，结果如图4-50所示

图4-51　选择薄片

图4-52　【增加薄片实体的厚度对话框

图4-53　加厚方向

📖4.3.6　去除实体面

去除实体面功能可以将实体或薄片上的其中一个面删除。被删除实体面的实体会转换为薄片，该功能常用于将有问题或需要设计变更的面删除。

【例4-13】创建如图4-54所示的移除实体面。

光盘\视频教学\第4章\移除实体面.avi

操作步骤如下：

01 执行【实体管理器】→【移除实体面】命令。

02 在绘图区选择实体上表面为需要移出的面如图 4-55 所示，接着按 Enter 键。

03 系统弹出【移除实体表面】对话框，如图 4-56 所示，选择【删除】单选项，勾选【使用当前图层】复选框，单击 ✔ 按钮完成操作，结果如图 4-54 所示。

图 4-54　移除实体面　　　　　　图 4-55　选择移除面　　　　图 4-56　【移除实体表面】对话框

4.3.7　牵引实体面

此命令与拔模操作相类似，即将实体的某个面绕旋转轴旋转指定的角度，如图 4-57 所示。旋转轴可能是牵引面与表面(或平面)的交线，也可能是制定的边界。实体表面倾斜后，有利于实体脱模。

【例 4-14】创建如图 4-57 所示的牵引实体面。

光盘\视频教学\第4章\牵引实体面.avi

操作步骤如下：

01 执行【实体管理器】→【牵引】命令。

02 在视图区选择实体的前侧面为要拔模的实体表面，如图 4-58 所示，并按 Enter 键。

图 4-57　牵引实体面　　　　　图 4-58　选择要拔模的实体表面

03 系统弹出【实体牵引面的参数】对话框，在【牵引角度】文本框中输入 10，如

图 4-59 所示，单击对话框中的 ✔ 按钮。

图 4-59　实体牵引面的参数对话框

图 4-60　选择拔模基准

04 系统提示【选择平的实体面来指定牵引平面】，选择实体的上表面为拔模基准，系统显示拔模方向，如图 4-60 所示，并且弹出【拔模方向】对话框，如果拔模方向与设计方向相反，则可单击【拔模方向】对话框中的【反向】按钮。

05 单击【拔模方向】对话框中的【确定】按钮，系统完成拔模操作，结果如图 4-57 所示。

4.3.8　布尔操作

布尔运算是利用两个或多个已有实体通过求和、求差和求交运算组合成新的实体并删除原有实体。

单击【实体管理器】菜单项，系统显示如图 4-61 所示的子菜单。可以看出布尔操作分为两种：一种是相关布尔运算，另一种是非相关布尔运算。相关布尔运算与非相关布尔运算的区别在于，相关布尔运算的原实体将被删除，而非相关布尔运算的原实体可以保留。

图 4-61　布尔运算子菜单

相关布尔操作主要包括 3 项：结合（求和运算）、切割（求差运算）、交集（求交运算）。布尔和运算是将工具实体的材料加入到目标实体中构建一个新实体，如图 4-62a 所示；布尔差运算是在目标实体中减去与各工具实体公共部分的材料后构建一个新实体，如图 4-62b 所示；布尔求交运算是将目标实体与各工具实体的公共部分组合成新实体，如图 4-62c 所示。

4.3.9　实体管理器

位于 Mastercam 软件窗口左侧，有一个刀具路径管理器和实体管理器，如图 4-63 所示。实体管理器将实体模型的创建过程按顺序记录下来，可以对实体的相关参数进行修改，并对创建的顺序进行重新的排列。

图 4-62　布尔操作示意图

图 4-63　布尔运算示例

　　Mastercam 系统启动后，默认情况下，实体管理器是显示的，可以通过执行【视图】→【切换操作管理】命令或按下快捷键 Alt+O 来打开或关闭实体管理器。

　　图 4-64 所示是打开的一个实体操作管理器。单击立方体的【参数】选项卡，系统弹出【立方体】对话框，可以更改立方体的参数。如图 4-64 所示，可以重新输入立方体的长、宽、高，还可重新定义立方体的基准点位置，更改完毕后，单击【立方体】对话框中的【确定】按钮，接着单击实体管理器上的【全部重建】按钮，则模型被更新。

图 4-64　布尔运算示例

　　单击实体、实体操作项等之后，单击鼠标右键，系统会弹出一菜单，此菜单上有很多关于实体和操作的快捷项，用户可方便地选用。要删除某项实体，则在菜单上直接单击【删除】命令即可，如要删除某项操作，则删除后，必须再单击【全部重建】按钮，使实体重新生成。

4.4 综合实例——轴承盖

通过以上的学习，已经掌握了三维设计的基本方法，本节将通过轴承盖的三维建模操作来融会所学知识（以下构图面都为 3D 状态 3D 屏幕视角 平面）。

创建如图 4-65 所示的轴承盖。

图 4-65　轴承盖

　光盘\视频教学\第4章\轴承盖.avi

操作步骤如下：

01 创建矩形。以俯视图为构图面，并以此面为视图面绘制矩形，矩形的宽度为 200，高度为 120，绘图基点坐标为（0，0，0）。

02 挤出实体。单击⬡按钮，将视角平面改为轴测方向，执行【实体管理器】→【挤出】命令，设置挤出距离为 20，将绘制好的矩形生成长方体。

03 着色面。着色后，如图 4-66 所示。

图 4-66　挤出矩形实体

图 4-67　创建大圆柱体

04 设置第 2 层为编辑层。

05 创建圆柱体。执行【绘图】→【基本实体】→【圆柱体】命令，圆柱体的中心基点放在长方体底面后方的中点（即矩形后侧长边的中点），圆柱形的高度为 120，半径为 55，轴向为【Y】向。绘制后的图形如图 4-67 所示。

06 创建另一小圆柱体。执行【绘图】→【基本实体】→【圆柱体】命令，小圆柱体的中心基点与上一圆柱的中心基点相同，圆柱体的高度为150，半径为45，轴向为【Y】向，绘制出的图形如图 4-68 所示。创建小圆柱体的目的是通过实体布尔切割运算，来创建轴承孔。

07 合并实体。对大圆柱体与长方体执行【实体管理器】→【布尔运算-结合】命令，使圆柱体与长方体组合为一体。必须先选择圆柱体，再选择长方体，因为实体要在图层 2 上。

08 切割实体。对大圆柱体和小圆柱体执行【实体管理器】→【布尔运算-切割】命令，创建出轴承孔，执行命令后的结果如图 4-69 所示。

图 4-68　创建小圆柱体　　　　　　　　　　图 4-69　创建轴承孔

09 修剪实体，利用平面修剪下半边圆柱。执行【实体管理器】→【修剪】命令，以 XY 平面修剪，因此平面的法向为【Z】，构图深度为 0。修剪主要过程如图 4-70 所示。

图 4-70　修剪轴承盖

10 重新计算实体。由于轴承座壁厚显得略为单薄，所以打开实体管理器，对小圆柱体的半径进行修改，修改后的半径为 40，接下来单击实体管理器中的【全部重建】按钮，重新生成实体，操作过程如图 4-71 所示。

11 绘制螺栓孔。螺栓孔是通过布尔切割得到的，因此先在轴承盖原矩形底面绘制圆形，圆形的中心点坐标为（-80，-40，0），半径为 10，如图 4-72 所示。接着执行【转换】→【平移】命令创建另一个圆形，平移方向为 Y 向，距离 80，创建完后如图 4-73 所示。接下来通过【转换】→【镜像】命令复制出另外两个圆形（镜像轴为 X 轴），创建完后如图 4-74 所示。接着执行【实体管理器】→【挤出】命令，选择刚建立的 4 个圆形，挤出高度为 50，方向为【Z】向，如图 4-75 所示。

12 切割实体。将轴承盖整体与 4 个小圆柱体进行布尔切割运算，得到的结果如图 4-76 所示。

图 4-71 修改内壁厚度

图 4-72 绘制圆形   图 4-73 平移复制圆形   图 4-74 镜像圆形

13 倒圆角。执行【实体管理器】→【圆角】→【倒圆角】命令，对轴承盖的 4 个棱边倒圆角，圆角的半径为 20，得到的图形如图 4-77 所示。

图 4-75 挤出四个小圆柱   图 4-76 得到四个螺栓孔   图 4-77 棱边倒圆角

14 倒斜角。执行【实体管理器】→【倒角】→【单一距离】命令，对轴承孔两边缘倒 2×2 的斜角，得到的图形如图 4-78 所示。

15 制作顶部的凸台。顶部凸台为一圆柱体，执行【绘图】→【基本实体】→【圆柱体】命令，圆柱体中心基点坐标为（0，0，0），半径为 20，高度为 65，轴向为【Z】向，绘制出的图形如图 4-79 所示。

16 修剪在轴承孔内部的凸台。执行【绘图】→【曲面】→【由实体成生曲面】命令，将轴承孔内表面生成曲面。接着执行【实体管理器】→【修剪】命令，以轴承内表面曲面为边界剪掉凸台伸入轴承孔中的部分，如图 4-80 所示。

图 4-78　轴承孔内孔倒角　　　　　　　　　　　　图 4-79　建立凸台

17 合并实体。将凸台与轴承盖主体进行布尔结合运算。

18 创建凸台圆孔。执行【绘图】→【基本实体】→【圆柱体】命令，圆柱体中心基点坐标为（0，0，0），半径为 10，高度为 80，轴向为【Z】向，如图 4-81 所示，接着利用布尔切割运算创建出凸台上的圆孔，如图 4-82 所示。

图 4-80　修剪凸台　　　　　　　图 4-81　创建一圆柱体　　　　　图 4-82　创建凸台上的孔

19 创建凸台螺纹孔。轴承盖上的凸台是用来注油润滑的，因此凸台内孔要螺塞或油杯的螺纹配合，所以内孔要绘制螺纹。螺纹用扫描的方法绘制，螺纹参数为：普通粗牙螺纹、公称直径为 24、螺距为 3，牙形角为 60°。

❶ 将构图面与视角都换为前视图。绘制边长为 3 的等边三角形，如图 4-83 所示。

❷ 将构图面改为俯视图，将视角平面改为等角视图，创建螺旋线，螺旋线的半径为 10，螺距为 3，圈数为 23，螺旋线的中心位置坐标为（0，0，0），如图 4-84 所示。

图 4-83　绘制等边三角形　　　　　　　　　图 4-84 绘制螺旋线

❸ 将等边三角形竖直边的中点移至上螺旋线起点，如图 4-85 所示。

❹ 执行【实体管理器】→【扫描】命令，绘制出螺纹，如图 4-86 所示。

❺ 对轴承盖主体与螺纹进行布尔切割运算，系统提示【布林切割操作失败】对话框，单击对话框中的【确定】按钮，接着系统弹出【实体非关联的布尔运算】对话框，取消对

话框中的选项，表示不保留原实体。经剖切后，得到的图形如图 4-87 所示。

图 4-85　移动三角形

图 4-86　扫描绘制出螺纹实体

图 4-87　绘制出的内螺纹

 提示

本例绘制的螺纹是简化螺纹，例如牙尖、牙根都未经过修整。但是，这主要是为了图形的表达而已，在 Mastercam 加工中，仅选取刀具和刀具轨迹就可加工出实际的螺纹。

4.5 思考与练习

1. Mastercam X7 操作系统中 7 种常用的构图面是什么？
2. 创建实体的方法有哪些？
3. 实体管理器中有哪些功能，修改实体参数后，如何生成新图形？
4. 实体抽壳和移动实体表面两个命令的操作结果是否相同，请通过操作，说出不同点。
5. 创建举升实体时，可能会发生扭曲现象，如何避免？

4.6 上机操作与指导

1. 根据图 4-88 所示，在 Mastercam 软件中绘制活塞实体。
提示：利用旋转实体命令。
2. 根据图 4-89 所示，绘制止动垫圈的三维视图，要求 8 个孔通过一个命令创建出。

3. 根据4.4节步骤，完成图4-65所示的轴承盖三维实体绘制操作。

图 4-88　创建活塞三维实体练习

图 4-89　创建止动垫圈三维实体练习

第 5 章

曲面、曲线的创建与编辑

曲面、曲线是构成模型的重要手段和工具。Mastercam 软件的曲面、曲线功能灵活多样，不仅可以生成基本的曲面，而且能创建复杂的曲线、曲面。本章重点讲解了基本三维曲面的创建；通过对二维图素进行拉伸、旋转、扫描等操作来创建曲面；空间曲线的创建以及曲面的编辑。

- ◎ 基本曲面的创建
- ◎ 高级曲面的创建
- ◎ 曲面的编辑
- ◎ 曲面与实体的转换
- ◎ 空间曲线的创建

5.1 基本曲面的创建

所谓曲面是以数学方程式来表达物体的形状，通常一个曲面包含有许多的断面（sections）和缀面（patches），将它们熔接在一起即可形成完整曲面。因为计算机计算能力的迅速增加以及新曲面模型技术的应用开发，现在已经能够精确完整地描述复杂工件的外形，也可以看到较复杂的工件外形是由多个曲面相互结合而构成，这样的曲面模型一般称为【复合曲面】。可以用数学方程式计算得到的常用曲面有：

1. 昆氏曲面

昆氏曲面也常被称为昆氏缀面，单一昆氏缀面是以 4 个高阶曲线为边界所熔接而成的曲面缀面。至于多个缀面所构成的昆氏曲面则是由数个独立的缀面很平顺地熔接在一起而得到的。其优点是穿过线结构曲线或数字化的点数据而能够形成精确的平滑化曲面，也就是说，曲面必须穿过全部的控制点。缺点则是当要修改曲面的外形时，就需要修改控制的高阶边界曲线。

2. Bezier 曲面

Bezier 曲面是通过熔接全部相连的直线和网状的控制点所形成的缀面而创建出来的。多个缀面的 Bezier 曲面的成型方式与昆氏曲面类似，它可以把个别独立的 Bezier 曲面很平滑地熔接在一起。

使用 Bezier 曲面的优点是可以操控调整曲面上的控制点来改变曲面的形状，确定是整个曲面会因为使用者拉动某一个控制点而进行改变，这种情况下将会使用户依照断面外形去产生近似的曲面变得相当困难。

3. B-spline 曲面

B-spline 曲面具有昆氏曲面和 Bezier 曲面的重要特性，它类似于昆氏曲面。B-spline 曲面可以由一组断面曲线来形成 ，它有点像 Bezier 曲面，也具有控制点，并可以操控控制点来改变曲面的形状。B-spline 曲面可以拥有多个缀面，并且可以保证相邻缀面的连续性（没有控制点被移动）。

使用 B-spline 曲面的缺点是：原始的基本曲面如圆柱、球面体、圆锥等，都不能很精确地呈现，这些曲面仅能以近似的方式来显示，因此当这些曲面被加工时将会产生尺寸上的误差。

4. NURBS 曲面

NURBS 曲面是 Non-Uniform Rational B-Spline 的缩写。所谓有理化（ Rational） 曲面是指曲面上的每一个点都有权重的考虑。NURBS 曲面属于 Rational 曲面，并且具有 B-Spline 曲面所具有的全部特性，同时具有控制点权重的特性。当权重为一个常数时，NURBS 曲面就是一个 B-Spline 曲面了。

NURBS 曲面克服了 B-Spline 曲面在基本曲面模型上所碰到的问题，如圆柱、球面体、圆锥等实体都能很精确地以 NURBS 曲面来显示，可以说 NURBS 曲面技术是现在最新的曲面数学化方程式。截止到目前， NURBS 曲面是 CAD/CAM 软件公认的最理想造型工具，许多软件都使用它来构造曲面模型。

5.1.1 圆柱曲面的创建

执行【绘图】→【基本实体】→【圆柱体】命令，或单击【草绘】工具栏中的 🔲 按钮，系统弹出【圆柱体】对话框，如图 5-1 所示，设置相应的参数后，单击该对话框中的 ⊕ 按钮或 ✓ 按钮，即可在绘图区创建圆柱曲面。【圆柱体】对话框各选项的含义如下：

图 5-1　圆柱体对话框

　　【实体/曲面】：选择【实体】选项则创建的是三维圆柱实体，而选择【曲面】选项则创建的是三维圆柱曲面。

　　● 、◎ 、🔢 ：用于设置圆柱的基准点、半径、高度，其中圆柱的基准点是指圆柱底部的圆心。用户可以单击各项后面的按钮在绘图区手工设置圆柱的基准点、半径、高度，也可以通过文本框直接输入半径和高度的数值。

　　【扫描】：利用 🔺 和 🔺 文本框可以设置圆柱的起始和终止角度，该选项可以创建不完整的圆柱，如图 5-2 所示。

图 5-2　圆柱曲面示意

　　【轴】：用于设置圆柱的中心轴。既可以设置 X、Y 或 Z 轴为中心轴，也可以使用选择直线和指定两点来创建中心轴。系统默认的是以 Z 轴方向为中心轴。

默认情况下，屏幕视角为【俯视】，因此用户在屏幕上看到的只是一个圆，而不是圆柱，为了显示圆柱，可以将屏幕视角设置为【等视图】。

5.1.2 圆锥曲面的创建

执行【绘图】→【基本实体】→【圆锥体】命令，或单击【草绘】工具栏中的 按钮，系统弹出【锥体】对话框，如图 5-3 所示，设置相应的参数后，单击该对话框中的 按钮或按钮 按钮，即可在绘图区创建圆锥曲面。【锥体】对话框各选项的含义如下：

图 5-3　圆锥体对话框

【基部】

　　　：分别用于设置圆锥的基准点、半径、高度，其中圆锥的基准点是指圆锥底部的圆心。用户可以单击各项后面的 按钮在绘图区手工设置圆锥的基准点、半径、高度，也可以通过文本框直接输入半径和高度的数值。

【俯视图】：用于设置圆锥顶面的大小。既可以用指定锥角，也可以指定顶面半径。锥角可以取正值、负值或零，对应的效果如图 5-4 所示，图中的底面半径、高度均相同。要得到顶尖的圆锥，可以将顶面半径设置为 0 即可。

锥角为 15°　　　　　　　锥角为-15°　　　　　　　锥角为 0°

图 5-4　圆锥曲面示意

【扫描】：利用 和 文本框可以设置圆锥的起始和终止角度，该选项可以创建不完整的圆锥。

　　【轴】：用于设置圆锥的中心轴。既可以设置 X、Y 或 Z 轴为中心轴，也可以使用选择直线和指定两点来创建中心轴。系统默认的是以 Z 轴方向为中心轴。

5.1.3　立方体曲面的创建

　　执行【绘图】→【基本实体】→【立方体】命令，或单击【草绘】工具栏中的✔按钮，系统会弹出【立方体】对话框，如图 5-5 所示。设置相应的参数后，单击该对话框中的⊕按钮或✔按钮，即可在绘图区创建长方体曲面。【立方体】对话框各选项的含义如下：

　　◐：用于设置立方体基准点，亦即立方体的特征点，具体位置由【固定的位置】选项设置。用户可以单击后面的✛按钮修改该基准点。

　　▦、▦、▦：分别用于设置立方体的长度、宽度和高度，用户既可以单击各项后面的✛按钮在绘图区手工设置立方体的长度、宽度和高度，也可以通过文本框直接输入长度、宽度和高度的数值。

　　↻：利用该文本框可以设置立方体绕中心轴旋转的角度（中心轴由基准点、【固定的位置】和【轴】共同决定）。

　　【轴】：用于设置立方体的中心轴。既可以设置 X、Y 或 Z 轴为中心轴，也可以使用选择直线和指定两点来创建中心轴。系统默认的是以 Z 轴方向为中心轴。

图 5-5　立方体对话框

5.1.4　球面的创建

　　执行【绘图】→【基本实体】→【球体】命令，或单击【草绘】工具栏中的●按钮，系统会弹出【圆球】对话框，如图 5-6 所示，设置相应的参数后，单击该对话框中的⊕按钮或✔按钮，即可在绘图区创建球面。【圆球】对话框各选项的含义如下：

　　●、◙：用于设置球面的基准点、半径，其中球面的基准点是指球面的球心，如图 5-7a

所示。用户既可以单击各项后面的 按钮在绘图区手工设置球面的基准点、半径，也可以通过文本框直接输入半径的数值。

同圆柱面、圆锥面类似，可以通过【扫描】选项创建不完整的球面，如图 5-7b 所示。

图 5-6　【圆球】对话框

图 5-7　球面示意

完整的球面（线框模型）　不完整的球面（实体模型）

📖 5.1.5　圆环面的创建

执行【绘图】→【基本实体】→【圆环体】命令，或单击【草绘】工具栏中的 ⬤ 按钮，系统弹出【圆环体】对话框，如图 5-8 所示，设置相应的参数后，单击该对话框中的 ➕ 按钮或 ✔ 按钮，即可在绘图区创建圆环曲面。【圆环体】对话框各选项的含义如下：

图 5-8　【圆环体】对话框

⬤ 🔲 🔲：用于设置圆环曲面的基准点、圆环半径、圆管半径，其中圆柱的基准点是指圆柱底部的圆心。用户可以单击各项后面的 按钮在绘图区手工设置圆环的基准点、圆环半径、圆管半径，也可以通过文本框直接输入圆环半径或圆管半径的数值。

同样，通过【扫描】选项可以设置圆环的起始和终止角度，从而创建不完整的圆环曲面，如图 5-9 所示。

图 5-9　圆环曲面示意

5.2 高级曲面的创建

Mastercam 不仅提供了创建基本曲面的功能，而且还允许由基本图素构成的一个封闭或开放的二维实体通过拉伸、旋转、举升等命令而创建复杂曲面。

5.2.1　创建直纹/举升曲面

用户可以将多个截面按照一定的算法顺序连接起来形成曲面，如图 5-10a 所示；若每个截形之间用曲线相连，则称为举升曲面，如图 5-10b 所示；若每个截形之间用直线相连，则称为直纹曲面，如图 5-10c 所示。

举升曲面　　　　直纹曲面

a)　　　　　　　b)　　　　　　　c)

图 5-10　举升/直纹曲面示意

在 Mastercam X7 中，创建直纹曲面和举升曲面由同一命令来执行，其操作步骤如下。

01 执行【绘图】→【曲面】→【直纹/举升曲面】命令，或单击【曲面】工具栏中的 ▤ 按钮。

02 弹出【串连选项】对话框，在绘图区选择作为截形的数个串连。

03 系统弹出的 Ribbon 工具栏（如图 5-11 所示）中设置相应的参数后，单击 ⊕ 按钮或 ✓ 按钮。

图 5-11　绘制直纹/举升曲面工具栏

值得注意的是，无论是直纹曲面还是举升曲面在创建时必须注意图素的外形起始点是否相对，否则会产生扭曲的曲面，同时全部外形的串连方向必须朝向一致，否则容易产生错误的曲面。

5.2.2　创建旋转曲面

创建旋转曲面是将外形曲线沿着一条旋转轴旋转而产生的曲面，外形曲线的构成图素可以是直线、圆弧等图素串连而成的。在创建该类曲面时，必须保证在生成曲面之前首先分别绘制出母线和轴线。

【例 5-1】创建如图 5-12 所示的旋转曲面。

参见光盘　光盘\视频教学\第5章\创建旋转曲面.avi

操作步骤如下：

01 执行【绘图】→【曲面】→【旋转曲面】命令，或单击【曲面】工具栏中的按钮。

02 在绘图区依次选择母线和旋转轴，如图 5-13 所示。

03 系统弹出的 Ribbon 工具栏（如图 5-14 所示），设置起始角度为 0，终止角度为360，单击按钮或按钮，结果如图 5-12 所示。

图 5-12　旋转面

图 5-13　选择母线和旋转轴

图 5-14　创建旋转曲面工具栏

如果不需要旋转一周，可以在起始角度和终止角度输入指定的值，并在旋转时指定旋转方向即可。

5.2.3 创建补正曲面

补正曲面是指将选定的曲面沿着其法线方向移动一定距离。与平面图形的偏置一样，补正曲面命令在移动曲面的同时，也可以复制曲面。

【例5-2】创建如图5-15所示的补正曲面。

 光盘\视频教学\第5章\创建补正曲面.avi

操作步骤如下：

01 执行【绘图】→【曲面】→【曲面补正】命令，或单击【曲面】工具栏中的 ✎ 按钮。

02 在绘图区选择曲面为要补正的曲面，如图5-16所示。

要补正的面

图5-15　曲面补正　　　　　　　　　　图5-16　选择要补正的曲面

03 系统弹出的Ribbon工具栏（如图5-17所示），设置补正曲面的距离为20，单击 ⊕ 按钮或 ✔ 按钮，结果如图5-15所示。

重新选择　单一方向　循环方向　反向　距离　复制　移动　应用　确定　帮助

图5-17　曲面补正工具栏

5.2.4 创建扫描曲面

扫描曲面是指用一条截面线沿着轨迹移动所产生的曲面。截面和线框既可以是封闭的，也可以是开式的。

按照截形和轨迹的数量，扫掠操作可以分为两种情形，第一种是轨迹线为一条，而截形为一条或多条，系统会自动进行平滑的过渡处理；另一种是截形为一条，而轨迹线为一条或两条。

【例 5-3】创建如图 5-18 所示的扫描曲面。

 光盘\视频教学\第5章\创建扫描曲面.avi

操作步骤如下：

01 执行【绘图】→【曲面】→【扫描曲面】命令，或单击【曲面】工具栏中的 按钮。

02 在绘图区依次选择圆弧为待扫掠的截形，选择两直线为扫掠轨迹线，如图 5-19 所示。

图 5-18　扫描曲面　　　　　　　　　　图 5-19　选择待扫掠的截形和扫掠轨迹线

03 系统弹出的 Ribbon 工具栏（如图 5-20 所示），单击 Two Rails(4) 按钮，单击 按钮或 按钮，结果如图 5-18 所示。

图 5-20　扫描曲面工具栏

5.2.5　创建网状曲面

网状曲面是指直接利用封闭的图素生成的曲面。如图 5-21 左图所示，可以将 AD 曲线看作是起始图素，BC 曲线看作是终止图素，AB、DC 曲线看作是轨迹图素，即可得到如图 5-21 右图所示的网状曲面。

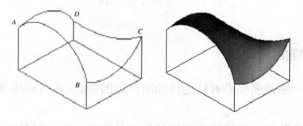

图 5-21　网状曲面

构成网状曲面的图素可以是点、线、曲线或者是截面外形。由多个单位网状曲面按行列式排列可以组成多单位的高级网状曲面。构建网状曲面有两种方式，它们是根据选取串连的方式划分的：自动串连方式和手动串连方式。对于大多数情况下，需要使用手动方式来构建网状曲面。

在自动创建网状曲面的状态下，系统允许选择 3 个串连图素来定义网状曲面。首先在网状曲面的起点附近选择两条曲线，然后在该两条曲线的对角位置选择第 3 条曲线，即可自动得到网状曲面，结果如图 5-22 所示。

值得注意的是，自动选取串连可能因为分支点太多以致不能顺利地创建网状曲面，技巧是单击串连设置对话框中的【单体】按钮 ╱，接着依次选择 4 个边界串连图素。

【例 5-4】手动创建如图 5-23 所示网状曲面。

图 5-22　自动创建网状曲面　　　　　图 5-23　手动创建的网状曲面

　光盘\视频教学\第5章\创建网状曲面.avi

操作步骤如下：

01 执行【绘图】→【曲面】→【网状曲面】命令，系统弹出【串连选项】对话框，此时 Ribbon 工具栏 Z 栏中的选择项为【引导方向】也称为走刀方向，这表示曲面的深度由引导线来确定，也就是说曲面通过所有的引导线，也可以由截断方向或平均值来定曲线的深度。

02 单击【串连选项】对话框中的【单点】按钮 ✚，接着选择网状曲面的基准点，如图 5-24 所标注的点，此点在曲面加工时会用到。

图 5-24　手动创建网状曲面要素

03 单击【串连选项】对话框中的【单体】按钮 ╱，再依次选取引导方向的曲线，

133

如图 5-24 所示引导线。

04 依次选取如图 5-24 所示截断曲线。

05 单击【串连选项】对话框中的✅按钮，系统显示网状曲面。

06 单击 Ribbon 工具栏中的✅按钮，完成操作。

📖5.2.6　创建围篱曲面

围篱曲面是通过曲面上的某一条曲线，生成与原曲面垂直或呈给定角度的直纹面。

创建流程如下：

01 执行【绘图】→【曲面】→【围篱曲面】命令，或单击【曲面】工具栏中的🖋按钮。

02 在绘图区依次选择基面中的曲线。

03 利用系统弹出的 Ribbon 工具栏（如图 5-25 所示）设置相应的旋转参数后，单击➕按钮或✅按钮。

图 5-25　围篱曲面创建工具栏

Ribbon 工具栏中各选项的含义如下：

📠：选择串连。

📇：选择曲面。

📇相同圆角：设置围篱曲面的熔接方式，包括以下三种方式：

1）相同圆角：所有扫描线的高度和角度均一致，以起点数据为准。

2）线锥：扫描线的高度和角度方向呈线性变化。

3）立方混合：根据一种立方体的混合方式生成。

📇20.0、📇20.0：分别设置曲面的起点和终点的高度。

◢0.0、◢0.0：分别设置曲面在起点和终点的角度。

📖5.2.7　创建牵引曲面

牵引曲面是指将一串连的图素沿着指定方向拉出牵引曲面。该命令常用于构建截面形状一致或带拔模斜角的模型。

【例 5-5】创建如图 5-26 所示的牵引曲面。

光盘\视频教学\第5章\创建牵引曲面.avi

操作步骤如下：

01 执行【绘图】→【曲面】→【牵引曲面】命令，或单击【曲面】工具栏中的◈按钮。

02 弹出【串连选项】对话框在绘图区选取如图 5-27 所示的曲线为牵引的曲线。

03 系统弹出【牵引曲面】对话框，如图 5-28 所示，设置牵引长度为 20，倾斜角度为【20】，单击➕按钮或✔按钮结束牵引曲面的创建操作，结果如图 5-26 所示。

图 5-26　牵引曲面示意　　　　图 5-27　选取要牵引的曲线　　　　图 5-28　【牵引曲面】对话框

图 5-28 所示【牵引曲面】对话框中各选项的含义如下：

【长度/平面】：选择【长度】选项则牵引的距离由牵引长度给出，此时【长度】、【真实长度】和【角度】选项被激活；选择【平面】则表示生成延伸至指定平面的牵引平面，此时【角度】和【平面】选项被激活。

（长度）：设置牵引曲面的牵引长度。

、 （真实长度、角度）：对于带有一定拔模斜角的牵引曲面，其拔模斜角既可以直接在文本框中指定拔模斜角值，也可以通过在文本框中给出倾斜长度间接给出拔模斜角。

（平面）：设置截形要牵引至的平面。

5.2.8　创建挤出曲面

挤出曲面与牵引曲面类似，它也是将一个截形沿着指定方向移动而形成曲面，不同的是拉伸曲面增加了前后两个封闭平面，图 5-29 所示为挤出曲面。

图 5-29　挤出曲面比较示意

挤出曲面的创建流程和牵引曲面大同小异，下面对【挤出曲面】对话框中各选项的含义进行介绍，如图 5-30 所示。

：设置串连图素，重新定义挤出曲面的曲线。

 ：确定基准点。

    ：曲面高度。

    ：按照给定的条件对挤出曲面整体进行缩放。

    ：对生成的挤出面进行旋转。

    ：曲面补正，将挤出曲面沿挤压垂直的方向进行偏置。

    ：曲面锥度，改变锥度方向。

5.3　曲面的编辑

    Mastercam 提供了强大的曲面创建功能的同时提供了灵活多样的曲面编辑功能，用户可以利用这些功能非常方便地完成曲面的编辑工作。如图 5-31 所示为曲面编辑菜单项栏。

图 5-30　【挤出曲面】对话框

图 5-31　曲面编辑菜单项

5.3.1　曲面倒圆

    曲面倒圆就是在两组曲面之间产生平滑的圆弧过渡结构，从而将比较尖锐的交线变得圆滑平顺。曲面圆角包括 3 种操作，分别为在曲面与曲面、曲线与曲面以及曲面与平面之间倒圆。

    1．曲面与曲面倒圆角

    曲面与曲面倒圆角是指两个曲面之间创建一个光滑过渡的曲面。

    【例 5-6】创建如图 5-32 所示的曲面与曲面倒圆角。

　光盘\视频教学\第5章\曲面与曲面倒圆角avi

操作步骤如下：

01 执行【绘图】→【曲面】→【圆角】→【曲面与曲面】命令。

图 5-32　曲面与曲面倒圆角

02 根据系统的提示，依次选取第一个曲面、第二个曲面，如图 5-33 所示。

03 系统弹出【曲面与曲面倒圆角】对话框，如图 5-34 所示，在对话框中设置倒圆半径为【10】，系统显示曲面之间的倒圆曲面，最后单击 ⊕ 按钮或 ✓ 按钮结束倒圆角操作，结果如图 5-32 所示。

图 5-33　选取第一个曲面、第二个曲面

图 5-34　【曲面与曲面倒圆角】对话框

2．曲线与曲面倒圆角

曲线与曲面倒圆角是指一条曲线与曲面之间创建一个光滑过渡的曲面。

【例 5-7】创建如图 5-35 所示的曲线与曲面倒圆角。

光盘\视频教学\第5章\曲线与曲面倒圆角.avi

操作步骤如下：

01 执行【绘图】→【曲面】→【圆角】→【曲线与曲面】命令。

02 根据系统的提示，依次选取曲面、曲线，如图 5-36 所示。

图 5-35　曲线与曲面倒圆角

图 5-36　选取曲面、曲线

03 系统弹出【曲线与曲面倒圆角】对话框，设置相应的倒圆角参数，系统显示过渡曲面，最后单击➕按钮或✔按钮结束倒圆角操作，结果如图 5-35 所示。

3．曲面与平面倒圆角

曲面与平面倒圆角是指一个曲面与平面之间创建一个光滑过渡的曲面。

【例 5-8】创建如图 5-37 所示的曲面与平面倒圆角。

光盘\视频教学\第5章\曲面与平面倒圆角.avi

操作步骤如下：

01 执行【绘图】→【曲面】→【圆角】→【曲面与平面】命令。

02 根据系统的提示，依次选取曲面、平面，并利用【平面选择】对话框设定相应的平面参数，如图 5-38 所示。

图 5-37　曲面/平面倒圆角

图 5-38　选取曲面图

03 系统弹出【平面与曲面倒圆角】对话框，设置相应的倒圆角参数，系统显示过渡曲面，最后单击➕按钮或✔按钮结束倒圆角操作，结果如图 5-37 所示。

对曲面进行倒圆时，需要注意各曲面法线方向的指向，只有法线方向正确才可能得到正确的圆角。一般而言，曲面的法线方向是指向各曲面完成倒圆后的圆心方向。

5.3.2　曲面修剪

曲面修剪可以将所指定的曲面沿着选定边界进行修剪操作，从而生成新的曲面，这个边界可以是曲面、曲线或平面。

通常原始曲面被修整成两个部分，用户可以选择其中一个，作为修整后的新曲面。用户还可以保留、隐藏或删除原始曲面。

执行【绘图】→【曲面】→【路径修剪】命令，系统弹出【曲面修剪】的子菜单，该菜单中包含 3 项功能，分别是修整至曲面、修整至曲线、修整至平面。

1. 修整至曲面

【例 5-9】创建如图 5-39 所示的修整至曲面。

光盘\视频教学\第5章\修整至曲面.avi

操作步骤如下：

01 执行【绘图】→【曲面】→【修剪】→【修整至曲面】命令。

02 根据系统提示依次选取第一个曲面为球面，第二个曲面为半圆柱面，如图 5-40 所示。

图 5-39　修整至曲面　　　　　　　　图 5-40　选取曲面

03 根据系统提示指定保留的曲面，单击球的上表面，此时系统显示一带箭头的光标，滑动箭头到剪后需要保留的位置上，再单击鼠标左键确定。

04 系统显示球面被修整后的图形，用户还可以利用 Ribbon 工具栏来设置参数，如图 5-41 所示，从而改变修剪效果，最后单击 ⊕ 按钮或 ✓ 按钮结束曲面修剪操作，结果如图 5-39 所示。

图 5-41　修整至曲面 Ribbon 工具条

2. 修整至曲线

修整至曲线，实际上就是从曲面上剪去封闭曲线在曲面上的投影部分，如图 5-42 所示，因此需要通过 Ribbon 工具栏选择投影方向。

利用曲线修剪曲面时，曲线可以在曲面上，也可以在曲面外。当曲线在曲面外时，系统自动将曲线投影到曲面上，并利用投影曲线修剪曲面。曲线投影在曲面上有两种方式：一种是对构图面正交投影，另一种是对曲面正交投影。

图 5-42　修整曲面到曲线示意

修剪曲面到曲线 Ribbon 工具栏中的各项说明如图 5-43 所示。

3．修整至平面

修整至平面，实际上就是曲面以平面为界，去除或分割部分曲面的操作。其操作过程和曲面与平面倒圆角类似，本文就不再赘述了，由读者独立完成。

图 5-43　修整至曲线 Ribbon 工具条

5.3.3　曲面延伸

曲面延伸就是将选定的曲面延伸指定的长度，或延伸到指定的曲面。

【例 5-10】创建如图 5-44 所示的曲面。

图 5-44　曲面延伸

图 5-45　选择要延伸的边界

光盘\视频教学\第5章\曲面延伸.avi

操作步骤如下：

01 执行【绘图】→【曲面】→【延伸】命令，或单击【曲面】工具栏中的 按钮。

02 根据系统的提示选取要延伸的曲面。

03 系统显示带箭头的移动光标，根据系统的提示选择要延伸的边界，如图 5-45 所示。

04 系统显示默认延伸曲面，利用 Ribbon 工具栏设定延伸长度为 2，如图 5-46 所示，最后单击 按钮或 按钮结束曲面延伸操作，结果如图 5-44 所示。

图 5-46　曲面延伸 Ribbon 工具条

Ribbon 工具条中选项的说明如下：

（1）【线性延伸】：延当前构图面的法线按指定距离进行线性延伸，或以线性方式延伸到指定平面。

（2）【非线性延伸】：按原曲面的曲率变化进行指定距离非线性延伸，或以非线性方式延伸到指定平面。

（3）【延伸到平面】：单击此项，弹出【平面选择】对话框，在对话框中设定或选取所需的平面。

5.3.4 填补内孔

此命令可以在曲面的孔洞处创建一个新的曲面。

【例 5-11】填补如图 5-47 所示的内孔。

光盘\视频教学\第5章\填补内孔.avi

操作步骤如下：

01 执行【绘图】→【曲面】→【填补内孔】命令，或单击【曲面】工具栏中的 按钮。

02 选择需要填补洞孔的修剪曲面，曲面表面有一临时的箭头，如图 5-48 所示。

03 移动箭头的尾部到需要填补的洞孔的边缘，单击鼠标左键，此时洞孔被填补。

04 系统弹出的 Ribbon 工具栏设置相应的转换参数后，单击 按钮或 按钮完成填补内孔操作，如图 5-47 所示。

值得注意的是如果选择的曲面上有多个孔，则选中孔洞的同时，系统还会弹出【警告】对话框，利用该对话框可以选择是填补曲面内所有内孔，还是只填补选择的内孔。

图 5-47　填补内孔示意

图 5-48　选择需要填补洞孔

5.3.5 移除边界

移除边界是指将曲面的边界曲线移除，它和填补内孔有点类似，只是填补的洞孔是以选取的边缘为边界的新建曲面，修剪曲面仍存在洞孔的边界；而移除边界则没有产生新的曲面。

【例 5-12】移除如图 5-49 所示的孔边界。

光盘\视频教学\第5章\移除边界.avi

操作步骤如下：

01 执行【绘图】→【曲面】→【恢复到边界】命令，或单击【曲面】工具栏中的 ▦ 按钮。

02 选择需要移除边界的修剪曲面，曲面表面有一临时的箭头，如图 5-50 所示。

03 移动箭头的尾部到需要移除的边界的边缘，单击鼠标左键，此时边界被移除。

04 利用系统弹出的 Ribbon 工具栏设置相应的转换参数后，单击 ⊕ 按钮或 ✓ 按钮完成移除边界操作，结果如图 5-49 所示。

图 5-49　移除边界示意

图 5-50　选择移除边界

5.3.6　分割曲面

分割曲面是指将曲面在指定的位置分割开，从而将曲面一分为二。

【例 5-13】创建如图 5-51 所示的分割曲面。

 | 光盘\视频教学\第5章\分割曲面.avi

操作步骤如下：

01 执行【绘图】→【曲面】→【分割曲面】命令，或单击【曲面】工具栏中的 ▦ 按钮。

02 根据系统提示在绘图区选择待分割处理的曲面，并按 Enter 键或单击【选择】工具栏中的 ⬤ 按钮结束选择，如图 5-52 所示。

03 根据系统的提示在待分割的曲面上选择分割点（利用系统弹出的 Ribbon 工具栏中的 ⟷ 按钮还可以改变分割的方向），最后单击 ⊕ 按钮或 ✓ 按钮完成曲面分割操作，结果如图 5-51 所示。

图 5-51　分割曲面示意

图 5-52　选择分割点

5.3.7 平面修剪

平面修剪功能在第 1 章的入门实例中就用过此功能，下面具体介绍这个命令的含义及操作步骤。

平面修剪实际就是以位于同一构图平面的封闭曲线为边界，生成带边界的平面。这项命令可以用矩形或任何具有封闭边界的平面形状，快速生成平坦的曲面。

操作步骤如下：

01 执行【绘图】→【曲面】→【平面修剪】命令，系统弹出提示【选择要定义平面边界的串连 1】。

02 依次选取平面的边界，每次选取后，系统都会提示【选择要定义平面边界的串连 2】。

03 单击【串连选项】对话框中的确定按钮，系统显示生成的平面。

04 单击 Ribbon 工具条中的 ✔ 按钮。

图 5-53 所示是平面修剪的示例。

图 5-53　平面修剪示例

5.3.8 曲面熔接

曲面熔接是指将两个或三个曲面通过一定的方式连接起来。Mastercam 提供了 3 种熔接方式：两曲面熔接、三曲面熔接、圆角三曲面熔接。

1. 两曲面熔接

两曲面熔接是指在两个曲面之间产生与两曲面相切的平滑曲面。

【例 5-14】创建如图 5-54 所示两曲面熔接。

光盘\视频教学\第5章\两曲面熔接.avi

操作步骤如下：

01 执行【绘图】→【曲面】→【两曲面熔接】命令，或单击【曲面】工具栏中的 按钮。

02 根据系统的提示在绘图区依次选择第一个曲面及其熔接位置，第二个曲面及其熔接位置，如图 5-55 所示。

03 弹出【两曲面熔接】对话框，如图 5-56 所示，设置熔接值为 1，单击 按钮或 ✔ 按钮结束两曲面的熔接操作，结果如图 5-54 所示。

图 5-54　二曲面熔接　　　　图 5-55　选择两曲面　　　　图 5-56　两曲面熔接对话框

对话框中各选项的含义如下：

1 ⊞：用于重新选取第 1 个曲面。

2 ⊞：用于重新选取第 2 个曲面。

【熔接数值】：用于设置第一个曲面和第二个曲面的起始和终止熔接值。默认为 1。

：扭转熔接曲面。

：端点位置，用于修改熔接曲面的端点位置。

【修剪曲面】：用于设置第一个曲面和第二个曲面是否要修剪，它提供了 4 个选项：两者，即两者都修剪；两者都不，即都不修剪；1，即只修剪第一个曲面；2，即只修剪第二个曲面。

2．三曲面熔接

三曲面熔接是指在三个曲面之间产生与三曲面相切的平滑曲面。三曲面熔接与两曲面熔接的区别在于曲面个数的不同。三曲面熔接的结果是得到一个与三曲面都相切的新曲面。其操作与两曲面熔接类似。

3．圆角三曲面熔接

圆角三曲面熔接是生成一个或者多个与被选的三个相交倒角曲面相切的新曲面。该项命令类似于三曲面熔接操作，但圆角曲面熔接能够自动计算出熔接曲面与倒角曲面的相切位置，这一点与三曲面熔接不同。

5.4　曲面与实体的转换

Mastercam 系统提供了曲面与实体造型相互转换的功能，使用实体造型方法创建的实体模型可以转换为曲面，同时，也可以将编辑好的曲面转换为实体模型。由实体生成曲面，实际上就是提取实体的表面。

5.4.1　由实体生成曲面

【例 5-15】由实体产生曲面，如图 5-57 所示。

操作步骤如下：

01 执行【绘图】→【曲面】→【由实体生成曲面】命令，系统弹出提示【请选择产生曲面的主体或面】。

02 选择实体则实体所有的表面都生成曲面，选择实体的指定面则仅被选择的面生成曲面，图 5-57 所示是选择了锥体的表面。

03 按 Enter 键，生成曲面，如图 5-58 所示，系统再次提示【请选择产生曲面的主体或面】。

图 5-57　曲面由实体生成

图 5-58　选择实体

04 按 Esc 键，退出操作。

为了验证选定实体的表面已生成曲面，则在实体管理器中删除实体，系统在绘图区显示出曲面。

5.4.2　由曲面生成实体

由曲面产生实体就是实体加厚功能。

5.5　空间曲线的创建

创建曲线功能是在曲面或实体上创建曲线，绝大部分曲线是曲面上的曲线。比如：创建曲面上的单一边界或全部边界，创建剖切等。

5.5.1　单一边界

该命令是指沿被选曲面的边缘生成边界曲线。

【例 5-16】创建如图 5-59 所示的边界曲线。

操作步骤如下：

01 执行【绘图】→【曲面曲线】→【单一边界】命令，系统提示【选取曲面】。

图 5-59 创建曲面单一边界

图 5-60 选择曲面边界

02 在视图区选择要创建边界曲线的曲面，按 Enter 键，接着系统显示带箭头的光标，并且提示【移动箭头到您想要的边界处】。

03 移动光标到所需的曲面边界处，如图 5-60 所示，单击鼠标左键确定，系统弹出提示【选取一个新的曲面】，如果需要指定其他曲面的边界则再选择其他曲面。

04 单击 Ribbon 工具条中的✔按钮，完成操作，如图 5-59 所示。

5.5.2 所有曲线边界

该命令是指沿被选实体表面、曲面的所有边缘生成边界曲线。

【例 5-17】创建如图 5-61 所示曲面的所有边界。

 光盘\视频教学\第5章\所有曲线边界.avi

01 执行【绘图】→【曲面曲线】→【所有曲线边界】命令，系统提示【选取曲面、实体和实体面】。

02 选取曲面，按 Enter 键，如图 5-62 所示。

图 5-61 创建所有曲线边界

图 5-62 选取曲面

03 系统显示新生成的边界曲线，在 Ribbon 工具条中激活【开放边界】按钮 ▣ [0.005 ▾]，在数据栏中输入公差为 0.005，将生成的曲面边界按设定的公差打断。

04 按 Enter 键确定边界生成，如图 5-61 所示。

5.5.3 缀面边线

创建缀面边线，是指在曲面上沿着曲面的一个或两个常数参数方向的指定位置构建一曲线。

【例 5-18】创建如图 5-63 所示的缀面边线。

光盘\视频教学\第5章\缀面边线.avi

操作步骤如下：

01 执行【绘图】→【曲面曲线】→【缀面边界】命令，系统提示【选取曲面】。

02 选取创建缀面曲线的曲面，系统显示带箭头的光标。

03 移动光标到创建曲线所需的位置单击，确定生成空间曲线，如图 5-64 所示。

图 5-63　创建两个方向的缀面边线

图 5-64　选取曲面

04 通过 Ribbon 工具条中【反向】按钮 ⟷ 改换曲线方向，并设置弦高误差。弦高误差决定曲线从曲面的任意点可分离的最大距离。一个较小的弦高误差可生成与曲面实体曲面配合精密的曲线，缺点是生成数据多，生成时间长。

05 单击 Ribbon 工具条中的 ✔ 按钮，退出操作。

5.5.4　曲面流线

该命令用于沿一个完整曲面在常数参数方向上构建多条曲线。如果把曲面看作一块布料，则曲面流线就是纵横交织构成布料的纤维。

【例 5-19】创建如图 5-65 所示的曲面流线。

图 5-65　曲面流线

光盘\视频教学\第5章\曲面流线.avi

操作步骤如下：

01 执行【绘图】→【曲面曲线】→【曲面流线】命令，系统提示【选取曲面】。

02 弹出曲面流线 Ribbon 工具条中的参数，设置弦高误差为 0.02，曲线的间距为 5，如图 5-66 所示。

图 5-66　曲面流线 Ribbon 工具条

03 选取曲面，系统显示曲面流线，如图 5-65 所示，如果不是所绘制方向，则单击 Ribbon 工具栏中的【反向】按钮。

04 单击✔按钮退出操作。

5.5.5　动态曲线

该命令用于在曲面上绘制曲线，用户可以在曲面的任意位置绘制单击，系统根据这些单击的位置依次顺序连接构成一条曲线。

【例 5-20】创建如图 5-67 所示的动态曲线。

　光盘\视频教学\第5章\动态曲线.avi

操作步骤如下：

01 执行【绘图】→【曲面曲线】→【动态绘曲线】命令，系统提示【选取曲面】。

02 选取要绘制动态曲线的曲面，接着系统显示带箭头的光标。

03 在曲面上依次单击曲线要经过的位置，每单击一次，系统显示一个十字星，如图 5-68 所示。

图 5-67　动态绘曲线　　　　图 5-68　单击曲线要经过的位置

04 单击完最后曲线需经过的最后一个位置，接着按 Enter 键，系统绘制出动态曲线，如图 5-67 所示。

05 单击✔按钮退出操作。

5.5.6　曲面剖切线

曲面剖切线是指曲面和平面的交线使用一个平面剖切一个曲面后，二者的交线即为剖切线。

【例 5-21】创建如图 5-69 所示的剖切线。

光盘\视频教学\第5章\曲面剖切线.avi

操作步骤如下：

01 执行【绘图】→【曲面曲线】→【曲面剖切线】命令，系统提示【选取曲面或曲线】。

02 由于直接选择被剖切的曲面，系统会默认当前构图面为剖切平面，如图 5-70 所示，而常常遇到的问题是指定平面剖切曲面，因此必须在剖切线 Ribbon 工具栏中设置剖切平面，如图 5-71 所示，工具栏中其他项的说明也在此图中。

图 5-69　剖切线　　　　　　　图 5-70　选择曲面和平面

图 5-71　曲面剖切线 Ribbon 工具条

03 设置平面偏移距离为 0，曲面偏移距离为 0，按 Enter 键。

04 选取要剖切的曲面，系统显示剖切曲线，如图 5-69 所示。

05 单击✔按钮，退出操作。

5.5.7　曲面曲线

使用曲线构建曲面时，可以使用命令将曲线转换成为曲面上的曲线。使用分析功能可以查看这条曲线是 Spline 曲线，还是曲面曲线。

曲线转换成曲面上的曲线的操作流程如下：

01 执行【绘图】→【曲面曲线】→【曲面曲线】命令。

02 选择一条曲线，则该曲线转换成曲面曲线。

5.5.8　创建分模线

该命令用于制作分型模具的分模线，在曲面的分模线上构建一条曲线。分模线将曲面

（零件）分成两部分，上模和下模的型腔分别按零件分模线两侧的形状进行设计。简单地说，分模线就是指定构图面上最大的投影线。

【例 5-22】创建如图 5-72 所示的分模线。

 光盘\视频教学\第5章\创建分模线.avi

操作步骤如下：

01 执行【绘图】→【曲面曲线】→【分模线】命令。

02 根据系统的提示，选择创建分模线的曲面并按 Enter 键，如图 5-73 所示。

图 5-72　分模线绘制示意

图 5-73　选择分模线的曲面

03 在 Ribbon 工具条中设置弦高误差为 0.02，分模线的倾斜角为 0，图 5-74 是 Ribbon 工具条各项参数的说明图，其中分模线倾斜角是指创建分模线的倾斜角度，它是曲面的法向矢量与构图平面间的夹角。

04 单击 ⊕ 按钮或 ✔ 按钮结束分模线的创建工作，结果如图 5-72 所示。

图 5-74　创建分模线 Ribbon 工具栏

5.5.9　曲面交线

该命令是创建曲面之间相交处的曲线。

【例 5-23】创建如图 5-75 所示的相交线。

 光盘\视频教学\第5章\曲面交线.avi

操作步骤如下：

01 执行【绘图】→【曲面曲线】→【曲面交线】命令。

02 根据提示【选取设置的第一曲面】，接着按 Enter 键，如图 5-76 所示。

03 提示【选取设置的第二曲面】，再按 Enter 键。

04 在 Ribbon 工具条中设置弦高误差为 0.02，第一曲面和第二曲面的补正距离都为【0】。工具条中各参数的意义如图 5-77 所示。

05 单击工具条中的☑按钮，退出操作，结果如图 5-75 所示。

图 5-75　相交曲线　　　　　　　　　　　图 5-76　选择曲面

图 5-77　曲面交线 Ribbon 工具条

5.6　综合实例——鼠标

本例以如图 5-78 所示的鼠标外形为例介绍曲面的创建过程，在模型制作过程中，扫描曲面、曲面修剪等功能被使用。通过本例的介绍，希望用户能更好地掌握曲面的创建功能。

　光盘\视频教学\第5章\鼠标.avi

操作步骤如下：

01 创建图层。单击状态栏中的【层别】按钮，系统弹出【层别管理】对话框。在该对话框的【层别号码】文本框中输入 1，在【名称】文本框中输入【center】；用同样的方法创建 continuous 和 dim 层，如图 5-79 所示。单击☑按钮确认图层的创建工作。

02 设置状态栏。设置状态栏的属性如下：【屏幕视角】为【俯视图】，【构图面】为【俯视图】，构图深度【Z】为 0，颜色为 13，【层别】为 1，线型为点画线，线宽为第 1 种。

03 绘制辅助线。执行【绘图】→【线】→【绘制任意线】命令，在 Ribbon 工具栏中，在【X】、【Y】、【Z】文本框依次输入直线的起点、终点坐标为（-200, 0, 0）、（200, 0, 0）；最后单击☑按钮创建水平辅助线 1。同样的方法分别创建以（-155, 0, 0）、（-155, 120, 0）；（160, 0, 0）、（160, 80, 0）和（-155, 0, 0）、（160, 0, 0）为端点的三条辅助线 2、3、4。

在 Ribbon 工具栏中，在【X】、【Y】、【Z】文本框依次输入直线的起点、终点坐标为（0, 0, 0）、（0, 300, 0）；最后单击☑按钮创建垂直辅助线 6。

04 绘制平行线。执行【绘图】→【线】→【绘制平行线】命令，选中辅助线 1，并在📏文本框中输入偏置的距离为 80，单击水平直线上方的任意位置指定偏置的方向，最后单击☑按钮确定辅助线 5 的创建操作。

图 5-78　鼠标外形示意　　　　　　图 5-79　绘图图层的创建

05 绘制圆弧。执行【绘图】→【圆弧】→【两点画弧】命令，在 Ribbon 工具栏的【X】、【Y】、【Z】文本框依次输入两点的坐标值为（-155, 120, 0）、（160, 80, 0），在 文本框中输入圆弧的直径为 480，接着选中如图 5-80 所示的圆弧。最后单击 按钮结束圆弧的创建操作。

06 设置状态栏。设置状态栏的属性如下：【屏幕视角】为【等视角】，【颜色】为 10，【层别】为 2，【线型】为实线，【线宽】为【第 2 种】。

图 5-80　创建的辅助线、点以及圆弧

07 旋转曲面。执行【实体管理器】→【旋转】命令。系统弹出【串连选项】对话框，单击该对话框中的 按钮并选择如图 5-81 所示的串连图素以及旋转轴，并单击【方向】对话框中的 按钮。

在系统弹出的【旋转实体的设置】对话框中，设置【旋转操作】为【创建主体】，设置【起始角度】为 0，【终止角度】为 180，如图 5-82 所示，最后单击 按钮结束旋转实体的创建操作，图 5-83 所示为旋转曲面效果图。

图 5-81　串连图素选择　　　　　　　图 5-82　旋转实体参数设置

08 设置状态栏。设置状态栏的属性如下：【屏幕视角】为【俯视图】，【构图面】为【俯视图】，【构图深度】Z 为 60，【颜色】为 10，【层别】为 2。

09 绘制矩形。执行【绘图】→【矩形】命令，在 Ribbon 工具栏的【X】、【Y】、【Z】文本框依次输入矩形的两个角点的坐标值为（−155，−200，60）（160，200，60），选中⊞按钮，最后单击✔按钮结束矩形曲面的创建操作，如图 5-84 所示。

图 5-83　旋转曲面效果图　　　　　　　图 5-84　修剪矩形效果图

10 修剪实体。执行【实体管理器】→【修剪】命令，在弹出的【修剪实体】对话框中，设置【修剪到】为【平面】，如图 5-85 所示，系统弹出【平面选择】对话框，在该对话框中单击⟳按钮并在绘图区中选择刚创建的矩形面的上方，如图 5-86 所示，然后单击【平面选择】对话框中的✔按钮，最后单击【修剪实体】对话框中的✔按钮结束实体修剪操作。

11 设置状态。设置状态栏的属性如下：【屏幕视角】为【俯视】，【构图面】为【俯视】，【构图深度】Z 为 60，【颜色】为 13，【层别】为 1。【线型】为【点画线】，【线宽】为【第 1 种】。

12 绘制圆弧。执行【绘图】→【圆弧】→【两点画弧】命令，在 Ribbon 工具栏中【X】、【Y】、【Z】文本框依次输入圆弧的两个端点的坐标值为（−110，140，60）（−82，−330，60），在⟳文本框中输入圆弧的直径值为 2600，接着选中如图 5-87 所示的第 1 个扫描路径，然后单击⊕按钮。

再在 Ribbon 工具栏中【X】、【Y】、【Z】文本框依次输入圆弧的两个端点的坐标值为（75，

210, 60）（75, -320, 60），在 文本框中输入圆弧的直径值 2400，接着选中如图 5-87 所示的第 2 个扫描路径，最后单击 ✓ 按钮结束圆弧扫描路径创建。

图 5-85　修剪实体参数设置　　　　　　　　图 5-86　选择修剪面

13 设置状态。在状态栏中，设置【屏幕视角】为【等视角】，【构图面】为【前视图】。

14 绘制直线。执行【绘图】→【线】→【绘制任意线】命令，选中如图 5-87 所示的点为第 1 个端点，在 📏 文本框中输入直线的距离为 200，并选中 ↕；然后单击 ➕ 按钮。然后选中如图 5-87 所示的点为第 2 个端点，在 📏 文本框中输入直线的距离为 200，并选中 ↕；最后单击 ✓ 按钮结束两个截面截线创建操作。

图 5-87　扫描截线/路径的创建

图 5-88　扫描曲面效果图

15 扫描曲面。执行【绘图】→【曲面】→【扫描曲面】命令，在【串连选项】对话框中选择 ╱ 按钮，然后选择刚创建的直线为截面外形；再在【串连选项】对话框中选择 ╱ 按钮，选择刚创建的圆弧为扫描路径，最后单击 ➕ 按钮。以同样的方法以第 2 个扫描截线和扫描路径创建曲面，最后单击 ✓ 按钮结束两个扫描曲面的创建操作，图 5-88 所示为扫描曲面效果图。

16 修剪曲面。执行执行【实体管理器】→【修剪】命令，在弹出的【修剪实体】对话框中，设置【修剪到】为【曲面】，然后单击 ✓ 按钮，如图 5-89 所示，在绘图区中选择刚创建的扫描曲面，最后单击【修剪实体】对话框中的 ✓ 按钮结束实体修剪操作。

17 层别设置。单击状态栏中的【层别】按钮，系统弹出【层别管理】对话框。利用该对话框的设置图层 2 为当前构图层，并隐藏图层 1、3，此时绘图区实体如图 5-90 所示。

18 按 Alt+S 键，用线框表示模型。

154

图 5-89　【修剪实体】对话框参数设置

图 5-90　修剪后实体效果图

19 创建倒圆角。执行【实体管理器】→【圆角】→【倒圆角】命令，在绘图区中选择第 1 条边，如图 5-91 所示，系统弹出【倒圆角参数】对话框，选中【变化半径】以及【平滑】单选项，然后按照图 5-91 所示尺寸设置起点和终点的半径值，如图 5-92 所示。最后单击✔按钮完成第 1 条边的倒圆角操作。同样的方法可以创建第 2 条边的圆角。

图 5-91　倒角尺寸

图 5-92　倒角参数设置

5.7 思考与练习

1. 扫描实体和扫描曲面有哪些相同之处，又有哪些不同之处？

2. 创建举升曲面时，可能会发生扭曲现象，如何避免？

3. 什么是昆氏曲面，请用 Mastercam X7 软件提供的昆氏曲面功能构建如图 5-83 所示的曲面。

4. 创建空间曲线共有哪几种方法？

5.8 上机操作与指导

1. 根据 5.2.1 的提示结合图 5-10 练习举升命令。

2. 根据 5.3.8 的提示结合图 5-54 练习曲面熔接功能。

3. 根据 5.5.2 的提示结合图 5-58 练习由实体生成曲线。

第 **6** 章

二维加工

二维加工是指所产生的刀具路径在切削深度方向是不变的，它是生产实践中使用得最多的一种加工方法。

在 Mastercam 中，二维刀具路径加工方法主要有 5 种，分别为外形铣削、挖槽、钻孔、平面铣削和全圆路径。本章将对这些方法及参数设置进行介绍。

学 习 要 点

◎ 平面铣削

◎ 外形铣削

◎ 挖槽加工

◎ 钻孔加工

◎ 圆弧铣削

◎ 文字雕刻加工

二维加工参数公用设置

进入二维加工，要进行一些参数设定，虽然不同的加工方法，涉及的参数也不同，但是有一些共同参数的设定方法是相同的，例如毛坯设置、材料设置、安全区域设置等。

1. 毛坯设置

选择机床类型及加工群组后，系统在刀具路径管理器中生成机群组属性文件，如图 6-1 所示，单击树状目录中的【文件】选项，打开如图 6-2 所示的对话，再单击对话框上部的【材料设置】选项卡，进入毛坯设置。

图 6-1　刀具路径管理器

用户可根据加工的零件选取零件的形状，预览框中坯料的参数设置选项会随着坯料形状的变化而不同，但都很直观，容易理解。预览框中的十字星是坯料的中心基点。

2. 刀具设置

刀具设置主要是工件材料的设置及刀具进给计算原则的设置。单击图 6-2 所示的【刀具设置】选项卡，系统弹出【刀具设置】对话框，部分功能说明在图 6-3 中。单击对话框【选择】按钮，可以选取更多的材料，如图 6-4 所示。

图 6-2　【机器群组属性】对话框

图 6-3　【刀具设置】对话框

3．文件对话框

单击图 6-2 所示的【文件】选项卡，弹出如图 6-5 所示的【文件】对话框，用户可以修改机床配置或重新选择机床，调用其他刀具库等。

图 6-4　工件材料选择

图 6-5　【文件】对话框

4．刀具选择

设定加工方法，选择加工边界后，系统弹出【2D 刀具路径 - 平面铣削】对话框，如图 6-6 所示，双击鼠标左键，弹出【定义刀具】对话框，共有 22 种刀具可供选择，如图 6-7 所示。

图 6-6　【2D 刀具路径 - 平面加工】对话框

图6-7 【刀具】对话框

5．刀具参数设置

在【定义刀具】对话框中点选所需刀具，如图6-7所示点击【球刀】选项卡，则弹出球刀选项卡内容，如图6-8所示。用户可以根据自己所用的刀具设置尺寸及刀具的编号。

图6-8 【球刀】对话框

6．刀具加工参数设置

单击图6-8所示的【参数】选项卡，则弹出刀具加工【参数】对话框，如图6-9所示。

对话框中的部分参数已在图中阐述，还有一些参数设置说明如下：

【XY粗铣步进（%）】：设定XY轴粗切削步进刀量占刀具直径的百分比。

【XY精修步进（%）】：设定XY轴精切削步进刀量占刀具直径的百分比。

【Z 向粗铣步进】：设定 Z 轴粗切削深度占刀具直径的百分比。

【Z 向精修步进】：设定 Z 轴精切削深度占刀具直径的百分比。

【中心直径】：刀具端面无切削刃的直径大小。

【材料表面速率%】：依据系统参数预设的建议平面切削速度百分比。

【每刃切削量%】：依据系统参数所预设进刀量的百分比。

【Coolant】：冷却液选择。有三种方式可选：喷气、喷油或关闭冷却液。

完成 5、6、7 项设置后，所用刀具的信息会反映在图 6-6 所示的对话框中，用户可以直接修改上面的参数。

图 6-9　刀具加工【参数】对话框

7．机械原点设置

机床的原点在出厂时已经设定好了，一般 CNC 开机后，都需要使其回归机械原点，使控制器知道目前所在的坐标点与加工程序坐标点间的运动方向及移动数值。除了机械原点以外，还有所谓的参考坐标，随着控制器的不同，参考坐标可分为第一参考坐标、第二参考坐标等。进行换刀或程序结束时都应该将刀具回归原点，或者为避免换刀撞刀，还必须对 Y 轴做第二原点复归，另外适当地设置加工参考点可节省加工时间，因为刀具移动时，应该使其空切行程减短，故一般都是将刀具快速移动到参考点位置处，才开始加工程序。单击图 6-10 中的【共同参考】选项卡，设置机械原点。

8．参考点设置

参考位置用来设置刀具的进刀位置与退刀位置，如图 6-10 所示。

9．刀具面/构图面设置

单击【绘图面（WCS）】选项卡，如图 6-11 所示，用户可以单击▦按钮来统一这些面的原点、视角、工作面。

其中刀具面指的是刀具工作平面，即刀具与加工的工件接触的平面，通常垂直于刀具轴线。刀具平面包括 X-Y 平面（NC 代码 G17）、X-Z 平面（NC 代码为 G18）、Y-Z 平面（NC 代码为 G19）。坐标系指的是生成刀具路径时的坐标系。

图 6-10　机械原点设置

图 6-11　刀具面/绘图面设定

6.2　平面铣削

　　零件材料一般都是毛坯,故顶面不是很平整,因此加工的第一步常常首先要将顶面铣平,从而提高工件的平面度、平行度以及降低工件的表面粗糙度。

　　面铣为快速移除工件表面的一种加工方法,当所要加工的工件具有大面积时使用该指令可以节省加工时间,使用时要注意刀具偏移量必须大于刀具直径50%以上,才不会于工件边缘留下残料。

6.2.1　切削参数设置

　　绘制好轮廓图形或打开已经存在的图形时,执行【刀具路径】→【平面铣】命令或在刀具管理器的树状结构图空白区域单击右键,在弹出的快捷菜单中选择【铣床刀具路径】

→【平面铣】选项，系统弹出【输入新的 NC 名称】对话框，输入名称后单击【确定】按钮 ✓，然后在绘图区采用串连方式对几何模型串连后单击【串连选项】对话框中的 ✓ 按钮，系统弹出【2D 刀具路径 - 平面铣削】对话框，如图 6-12 所示。下面对特定参数的选项卡进行讨论。

1．类型

在进行面铣削加工时，可以根据需要选取不同的铣削方式，在 Mastercam 中，用户可以通过【类型】下拉列表选择不同的铣削方法，包括：

（1）【双向】：刀具在加工中可以往复走刀，来回均进行铣削。

（2）【单向】：刀具沿着一个方向走刀，进时切削，回时走空程，当选择【顺铣】时，切加工中刀具旋转方向与刀具移动的方向相反；当选择【逆铣】时，切加工中刀具旋转方向与刀具移动的方向相同。

（3）【一刀式】：仅进行一次铣削，刀具路径的位置为几何模型的中心位置，用这种方式，刀具的直径必须大于铣削工件表面的宽度才可以。

（4）【动态】：刀具在加工中可以沿自定义路径自由走刀。

图 6-12　【2D 刀具路径 - 平面加工】对话框

2．刀具移动方式

当选择切削方式设置为【双向】方式时，可以设置刀具在两次铣削间的过渡方式，在【切削之间的位移】下拉列表中，系统提供了 3 种刀具的移动方式，分别为：

（1）【高速回圈】：选择该选项时，刀具按照圆弧的方式移动到下一个铣削的起点。

（2）【线性】：选择该选项时，刀具按照直线的方式移动到下一个铣削的起点。

（3）【快速进给】：选择该选项时，刀具以直线的方式快速移动到下一次铣削的起点。

同时，如果勾选【两切削间的位移进给率】复选框，则可以在后面的文本框种设定两切削间的位移进给率。

3．粗切角度

所谓粗切角度是指刀具前进方向与 X 轴方向的夹角，它决定了刀具是平行于工件的某边切削还是倾斜一定角度切削，为了改善面加工的表面质量，通常编制两个加工角度互为90°的刀具路径。

在 Mastercam 中，粗切角度有自动计算角度和手工输入两种设置方法，默认为手工输入方式，而使用自动方式时，则手工输入角度将不起作用。

4．开始和结束间隙

面铣削开始和结束间隙设置包括 4 项内容，分别为【截断方向超出量】、【引导方向超出量】、【引进时延伸长度】、【退出引线长度】，各选项的含义如图 6-13 所示。为了兼顾保证工件表面质量和加工效率，进刀延伸长度和退刀延伸长度一般不宜太大。

其他参数的含义可以参考外形铣削、挖槽加工的内容。

图 6-13　开始和结束间隙含义示意

6.2.2　平面铣削加工实例

图 6-14 所示是一个标牌模具的二维图形，用户可以直接从光盘中调入。

 光盘\视频教学\第6章\平面铣削加工实例.avi

操作步骤如下：

01 执行【刀具路径】→【平面铣】命令，系统弹出【输入新的 NC 名称】对话框，在该对话框中输入"6.2.2 平面铣削加工实例"，然后单击 按钮。系统提示【选取串连 1】，则选取图 6-15 所示的外边，选取完加工边界后，单击【串连选项】对话框中的 按钮。

图 6-14　加工图

图 6-15　串连图素

02 系统弹出【2D 刀具路径 - 平面铣削】对话框，用户单击该对话框中的【刀具】选项卡，在该选项卡中单击【选择刀库】按钮，系统弹出如图 6-16 所示的【刀具管理】对话框，本例选取【STEEL - MM. TOOLS】刀具库，在此刀具库中选取直径为 50 的面铣刀。接着单击对话框中的 按钮，返回到【2D 刀具路径 - 平面铣削】对话框，可见到选择的面铣刀已进入对话框中。

图 6-16　选择刀具对话框

03 双击面铣刀图标，弹出【定义刀具】对话框，如图 6-17 所示。对话框中显示的
刀具就是面铣刀，可以看出它比一般刀具铣削的面积大且效率高。由于系统给出的刀具尺
寸参数符合实际加工要求，因此不做修改。

图 6-17　【定义刀具】对话框

04 在【面铣刀】选项卡进行刀具参数设置，设置参数如下：【刀柄直径】为 50，【刀
长】为 75，【肩部】为 60，【刀刃】为 5，【直径】为 50，【外径】为 60，【刀角半径】为【0.8】，
其他参数采用默认值，在【参数】选项卡中，设置参数如下：【XY 粗铣步进%】为 75，【XY
精修步进】为 50，【Z 向粗铣步进】为 60，【Z 向精修步进】为 30，【材料表面速率%】为 60，
【每刃切削量】为 60，其他参数采用默认值，如图 6-18 所示；然后单击对话框中的【计
算转速/进给】按钮，让系统自动计算速度和进给量，再单击 ✔ 按钮回到面铣刀对话框。

05 单击【2D 刀具路径 - 平面铣削】对话框中的【共同参数】选项卡，设置参数如
下：【提刀速率】为 20，坐标形式为【绝对坐标】；【下刀位置】为 5，坐标形式为【增量坐

标】；其他参数采用默认值，如图 6-19 所示。设置完以上参数后，单击 ✔ 按钮。

图 6-18　定义加工参数对话框

图 6-19　平面加工参数设置

06 打开刀具路径管理器，执行【属性】→【素材设置】命令，系统弹出【机器群组属性】对话框，单击对话框中的【边界盒】按钮，系统弹出【边界盒选项】对话框，接着单击对话框中的选择图素按钮 🔲，则依次选取图 6-15 所示的外边界，接着在【边界盒选项】对话框中输入展开量为（2，2，0），如图 6-20 所示，单击 ✔ 按钮，返回到【机器群组属性】对话框，添加毛坯 Z 向尺寸，如图 6-21 所示，最后单击 ✔ 按钮，退出【机器群组属性】对话框。

07 为了验证参数设置的正确性，可以通过模拟平面铣削过程，来观察工件表面是否有切削不到的地方。单击刀具路径管理中的【验证已选择的操作】按钮 🎮，如图 6-22 所示。接着系统弹出【Simulation】对话框，如图 6-23 所示，单击【确定】按钮则系统进行切削模拟仿真。本例的切削模拟如图 6-24 所示。

图 6-20 【边界盒选项】对话框

图 6-21 【素材设置】对话框

图 6-22 模拟开关

图 6-23 实体切削验证对话框

图 6-24 实体切削模拟过程

6.3 外形铣削

外形铣削主要是沿着所定义的形状轮廓加工，主要用于铣削轮廓边界、倒直角、清除边界残料等。其操作简单实用，在数控铣削加工中应用非常广泛，所使用的刀具通常有平刀、圆角刀、斜度刀等。

6.3.1 切削参数设置

绘制好轮廓图形或打开已经存在的图形时，执行【刀具路径】→【外形铣削】命令或在刀具管理器的树状结构图空白区域单击右键，在弹出的快捷菜单中选择【铣床刀具路径】→【等高外形】选项，然后在绘图区采用串连方式对几何模型串连后单击【串连选项】对话框中的 ✔ 按钮，系统弹出【2D 刀具路径 –外形】对话框，单击对话框中的【切削参数】选项卡，选项卡中部分参数的说明如下：

1．外形铣削方式

外形铣削包括【2D】、【2D 倒角】、【斜插】、【残料加工】、【摆线式】5 种类型。

（1）【2D 倒角】：零件上的锐利边界经常需要倒角，利用倒角加工可以完成零件边界倒角工作。倒角加工必须使用倒角刀，倒角的角度由倒角刀的角度决定，倒角的宽度则通过倒角对话框确定。

设置【外形铣削方式】为【2D 倒角】，对话框如图 6-25 所示，在对话框中【宽度】和【刀尖补正】文本框可以设置倒角的宽度和刀尖伸出的长度。

图 6-25　外形铣削的 2D 倒角对话框

（2）【斜插】：所谓斜插加工是指刀具在 XY 方向走刀时，Z 轴方向也按照一定的方式进行进给，从而加工出一段斜坡面。

设置【外形铣削方式】为【斜插】，对话框如图 6-26 所示。

【斜插方式】有角度、深度和钻削式。角度方式是指刀具沿设定的倾斜角度加工到最终深度，选择该选项则【斜插角度】文本框被激活，用户可以在该文本框中输入倾斜的角度值；深度方式是指刀具在 XY 平面移动的同时，进刀深度逐渐增加，但刀具铣削深度始终保持设定的深度值，达到最终深度后刀具不再下刀而沿着轮廓铣削一周加工出轮廓外形；钻削方式是指刀具先下到设定的铣削深度，再在 XY 平面内移动进行切削。选择后两者斜插方式，则【斜插深度】文本框被激活，用户可以在该文本框中指定每一层铣削的总进刀深度。

（3）【残料加工】：为了提高加工速度，当铣削加工的铣削量较大时，开始时可以采用大尺寸刀具和大进给刀量，再采用残料加工来得到最终的加工形状。残料可以是以前加工中预留的部分，也可以是以前加工中由于采用大直径的刀具再转角处不能被铣削的部分。

设置【外形铣削方式】为【残料加工】，【2D 刀具路径 -外形】对话框如图 6-27 所示。

图 6-26　外形铣削的斜降下刀　　　　图 6-27　外形铣削的残料加工

剩余材料的计算的来源可以分为 3 种：

1）所有先前的操作：通过计算在操作管理器中先前所有加工操作所去除的材料来确定残料加工中的残余材料。

2）前一个操作：通过计算在操作管理器中前面一种加工操作所去除的材料来确定残料加工中的残余材料。

3）粗切刀具直径：根据粗加工刀具计算残料加工中的残余材料。输入的值为粗加工的刀具直径（框内显示的初始值为粗加工的刀具直径），该直径要大于残料加工中使用的刀具直径，否则残料加工无效。

2．高度设置

Mastercam 铣削的各加工方式中，都会存在高度参数的设置问题。单击【2D 刀具路径-外形】对话框中的【共同参数】，如图 6-28 所示，高度参数设置包括【安全高度】、【提刀速率】、【下刀位置】、【工件表面】、【深度】。

（1）【安全高度】：是指刀具在此高度以上可以随意运动而不会发生碰撞，这个高度一般设置得较高，加工时如果每次提刀至安全高度，将会很浪费加工时间，为此可以仅在开始和结束时使用安全高度选项。

（2）【提刀速率】：参考高度即退刀高度，它是指开始下一个刀具路径之前刀具回退的位置。退刀高度设置一般照顾两点，一保证提刀安全，不会发生碰撞；二为了缩短加工时间，在保证安全的前提下退刀高度不要设置得太高，因此退刀高度的设置应低于安全高度并高于进给下刀位置。

图 6-28　【共同参数】对话框

（3）【下刀位置】：进给下刀位置是指刀具从安全高度或退刀高度下刀铣削工件时，下刀速度由 G00 速度变为进给速度的平面高度。加工时为了使得刀具安全切入工件，需设置一个进给高度来保证刀具安全切入工件，但为了提高加工效率，进给高度也不要设置太高。

（4）【工件表面】：工件表面是指毛坯顶面在坐标系 Z 轴的坐标值。

（5）【深度】：加工深度是指最终的加工深度值。

值得注意的是，每个高度值均可以用绝对坐标或相对坐标进行输入，绝对坐标是相对于工件坐标系而定的，而相对坐标则是相对于工件表面的高度来设置的。

3．补正方式

刀具补正（或刀具补偿）是数控加工中的一个重要的概念，它的功能可以让用户在加工时补偿刀具的半径值以免发生过切。

单击【2D 刀具路径 -外形】对话框中的【切削参数】如图 6-29 所示。

【补正方式】下拉列表中有【电脑】、【控制器】、【磨损】、【反向磨损】和【关】5 种。其中电脑补偿是指直接按照刀具中心轨迹进行编程，此时无需进行左、右补偿，程序中无刀具补偿指令 G41、G42。控制器补偿是指按照零件轨迹进行编程，在需要的位置加入刀具补偿指定以及补偿号码，机床执行该程序时，根据补偿指令自行计算刀具中心轨迹线。

【补正方向】下拉列表中有左、右两种选项，它用于设置刀具半径补偿的方向，如图 6-30 所示。

【校刀位置】下拉列表中有中心和刀尖选项，它用于设定刀具长度补偿时的相对位置。对于端铣刀或圆鼻刀，两种补偿位置没有什么区别，但对于球头刀则需要注意两种补偿位置的不同，如图 6-31 所示。

图 6-29 【切削参数】选项卡

图 6-30 刀具半径补偿方向示意

图 6-31 长度补偿相对位置示意

4. 预留量

为了兼顾加工精度和加工效率，一般把加工分为粗加工和精加工，如果工件精度过高还有半精加工。在粗加工或半精加工时，必须为半精加工或精加工留出加工预留量。预留量包括 XY 平面内的预留量和 Z 方向的预留量两种，其值可以在分别在【壁边预留量】和【底面预留量】文本框中指定，其值的大小一般根据加工精度和机床精度而定。

5．转角过渡处理

刀具路径在转角处，机床的运动方向会发生突变，切削力也会发生很大的变化。对刀具不利，因此要求在转角处进行圆弧过渡。

在 Mastercam 中，转角处圆弧过渡方式可以通过【刀具在转角处走圆角】下拉列表设置，它共有 3 种方式，分别为：

（1）【无】：系统在转角过渡处不进行处理，即不采用弧形刀具路径。

（2）【尖角】：在系统只在尖角处（两条线的夹角小于 135°）时采用弧形刀具路径。

（3）【全部】：系统在所有转角处都进行处理。

6．轮廓分层铣削

如果要切除的材料较厚，刀具在直径方向切入量将较多，可能超过刀具的许可切削深度，这时宜将材料分几层依次切除。

单击【2D 刀具路径 -外形】对话框中的【分层铣削】，如图 6-32 所示。对话框中各选项的含义如下：

（1）【粗车】：用于设置粗加工的参数，其中【号码】文本框用于设定粗加工的次数，【间距】文本框用于设置粗加工的间距。

（2）【精车】：用于设置精加工的参数，其中【号码】文本框用于设定精加工的次数，【间距】文本框用于设置精加工的间距。

（3）【执行精修时】：用于设置在最后深度进行精加工还是每层进行精加工，选择【最后深度】则最后深度进行精加工，选择【所有深度】则深度都进行精加工。

（4）【不提刀】：设置刀具在一次切削后，是否回到下刀位置。选中，则在每层切削完毕后不退刀，直接进入下一层切削，否则，刀具在切削每层后退回到下刀位置，然后才移动到下一个切削深度进行加工。

图 6-32 【分层铣削设置】对话框

7．Z 轴分层铣削

如果要切除的材料较深，刀具在轴向参加切削的长度会过大，为了避免刀具吃不消，应将材料分几次切除。

单击【2D 刀具路径 -外形】对话框中的【深度切削】，如图 6-33 所示。利用该对话框可以完成轮廓加工中分层轴向铣削深度的设定。对话框各选项的含义如下：

（1）【最大粗切步进量】：该值用于设定去除材料在 Z 轴方向的最大铣削深度。

图 6-33　【深度切削】对话框

（2）【精修次数】：该值用于设定精加工的次数。

（3）【精修量】：设定每次精加工时，去除材料在 Z 轴方向的深度。

（4）【不提刀】：设置刀具在一次切削后，是否回到下刀位置。选中，则在每层切削完毕后不退刀，直接进入下一层切削，否则，刀具在切削每层后退回到下刀位置，然后才移动到下一个切削深度进行加工。

（5）【副程式】：选择该选项，则在 NCI 文件中生成子程序。

（6）【深度分层切削顺序】：用于设置深度铣削的次序。选择【依照轮廓】则先在一个外形边界铣削设定的深度，再进行下一个外形边界铣削；选择【依照深度】则现在一个深度上铣削所有的一个外形边界，再进行下一个深度的铣削。

（7）【锥度斜壁】：选择该选项则【锥底角】文本框被激活，铣削加工从工件表面按照【锥底角】文本框中的设定值切削到最后的深度。

8．贯穿设置

贯穿设置用来指定刀具完全穿透工件后的伸出长度，这有利于清除加工的余量。系统会自动在进给深度上加入这个贯穿距离。

单击【2D 刀具路径 -外形】对话框中的【贯穿】，如图 6-34 所示。利用该对话框可以设置贯穿距离。

9. 进/退刀方式设置

刀具进刀或退刀时，由于切削力的突然变化，工件将会产生因振动而留下的刀迹。因此，在进刀和退刀时，Mastercam 可以自动添加一段直线或圆弧，如图 6-35 所示，使之与轮廓光滑过渡，从而消除振动带来的影响，提高加工质量。

图 6-34 【贯穿】对话框

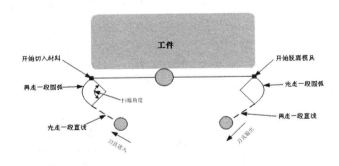

图 6-35 进/退刀方式参数含义示意

单击【2D 刀具路径 -外形】对话框中的【进/退刀设置】，如图 6-36 所示。

10. 程序过滤

过滤设置是通过删除共线的点和不必要的刀具移动来优化刀具路径，简化 NCI 文件。

单击【2D 刀具路径 -外形】对话框中的【圆弧过滤/公差】，如图 6-37 所示，主要选项的含义如下：

（1）【切削公差】：设定在进行过滤时的公差值，当刀具路径中的某点与直线或圆弧的距离不大于该值时，则系统将自动删除到该点的移动。

（2）【过滤的误差】：设定每次过滤时可删除点的最大数量，数值越大，过滤速度越快，但优化效果越差，建议该值应小于 100。

（3）【产生 XY 平面的圆弧】：选择该选项使后置处理器配置适于处理 XY 平面上的圆

弧，通常在 NC 代码中指定为 G17。

图 6-36　【进/退刀设置】对话框

图 6-37　圆弧过滤/公差的设置

（4）【产生 XZ 平面的圆弧】：选择该选项使后置处理器配置适于处理 XZ 平面上的圆弧，通常在 NC 代码中指定为 G18。

（5）【产生 YZ 平面的圆弧】：选择该选项使后置处理器配置适于处理 YZ 平面上的圆弧，通常在 NC 代码中指定为 G19。

（6）【最小圆弧半径】：用于设置在过滤操作过程中圆弧路径的最小圆弧半径，但圆弧半径小于该输入值时，用直线代替。注：只有在产生 XY、XZ、YZ 平面的圆弧中至少一项被选中时才激活。

（7）【最大圆弧半径】：用于设置在过滤操作过程中圆弧路径的最大圆弧半径，但圆弧半径大于该输入值时，用直线代替。注：只有在产生 XY、XZ、YZ 平面的圆弧中至少一项被选中时才激活。

11．跳跃切削

在加工时，可以指定刀具在一定阶段脱离加工面一段距离，以形成一个台阶，有时这是一项非常重要的功能，如在加工路径中有一段突台需要跨过。

单击【2D 刀具路径 -外形】对话框中的【毛头】，如图 6-38 所示。

图 6-38　毛头选项卡切削参数

6.3.2　外形加工实例

在面铣削示例的基础上进行外形铣削。

光盘\视频教学\第6章\外形加工实例.avi

操作步骤如下：

01 单击【切换已选择的刀具路径显示操作】按钮 ≋，关闭面铣削的刀具路径，接着执行【刀具路径】→【外形铣削】命令，系统弹出提示【选取外形串连 1】，选取加工边界。选取完加工边界后，单击【串连选项】对话框中的 ✔ 按钮。

02 系统弹出【2D 刀具路径 -外形】对话框，用户单击该对话框中的【刀具】选项卡，在该选项卡中单击【选择刀库】按钮，则系统弹出【刀具管理】对话框，本例选取【mill - mm.tooldb】刀具库，在此刀具库中选取直径为 20 的平底刀，如图 6-39 所示的。接着

单击对话框中的 ✔ 按钮，返回【2D 刀具路径 -外形】对话框，可见到选择的平底刀已进入对话框中。

图 6-39　选择 20 的平底刀

03 双击平底刀图标，弹出【刀具定义】对话框。对话框中显示的刀具就是平底刀。由于系统给出的刀具尺寸参数符合实际加工要求，因此不做修改。单击参数选项卡，设置【XY 粗铣步进%】为 60，【XY 精修步进】为 5，【Z 向粗铣步进】为 40，【Z 向精修步进】为 5，【材料表面速率%】为 50，【每刃切削量%】为 50，如图 6-40 所示，参数设置完后，单击【计算转速/进给】按钮，再单击 ✔ 按钮，返回【2D 刀具路径 -外形】对话框。

图 6-40　设置参数

04 在【2D 刀具路径 -外形】对话框中单击【共同参数】选项卡，设置如下：【提刀速率】为 20，坐标形式为【绝对坐标】，【下刀位置】为 3，坐标形式为【增量坐标】，【深度】为-20，其他参数采用默认值，如图 6-41 所示。

05 【2D 刀具路径 -外形】对话框中的【分层铣削】、【深度切削】、【贯穿】、【进/退刀设置】等也要进行设置。

06 为了验证外形铣削参数设置的正确性，可以通过模拟外形铣削过程，来观察工件外形是否有切削不到的地方或过切现象。单击刀具路径管理中的【验证已选择的操作】按钮，在弹出的【验证】对话框中单击【机床】按钮 ▶，得到如图 6-42 所示的模拟过程。

图 6-41　外形加工参数设置

图 6-42　外形加工模拟

当用户需要此操作的 NC 代码时可以单击刀具路径管理器中的后处理操作按钮，如图 6-43 所示，得到 NC 代码如图 6-44 所示，用户可以在 NC 代码编辑栏内，添加修改程序。

图 6-43　外形加工模拟　　　　　　图 6-44　外形加工模拟

6.4 挖槽加工

挖槽加工一般又称为口袋型加工，它是由点、直线、圆弧或曲线组合而成的封闭区域，其特征为上下形状均为平面，而剖面形状则有垂直边、推拔边以及垂直边含 R 角与推拔边含 R 角等 4 种。一般在加工时多半选择与所要切削的断面边缘具有相同外形的铣刀，如果选择不同形状的刀具，可能会产生过切或切削不足的现象。进退刀的方法与外形铣削相同，不过附带提起一点，一般端铣刀刀刃中心可以分为中心有切刃与中心无切刃两种，中心有孔的端铣刀是不适用于直接进刀，宜先行在工件上钻小孔或以螺旋方式进刀，至于中心有切刃者，对于较硬的材料仍不宜直接垂直铣入工件。

6.4.1 挖槽刀具参数设置

绘制好轮廓图形或打开已经存在的图形时，执行【刀具路径】→【2D 挖槽】命令或在刀具管理器的树状结构图空白区域单击右键，在弹出的快捷菜单中选择【铣床刀具路径】→【2D 挖槽】选项，然后在绘图区采用串连方式对几何模型串连后，单击【串连选项】对话框中的 ✓ 按钮，系统弹出【2D 刀具路径 – 2D 挖槽】对话框后，首先选择挖槽刀具，本例选择直径为 16 的平铣刀，如图 6-45 所示，刀具的尺寸参数满足机床要求，不再修改，刀具加工参数设置如图 6-46 所示，这些参数的选取都是为了提供给后面的示例（后面的参数设置对话框不再作此解释）。

图 6-45 选择挖槽刀具

图 6-46 挖槽刀具工艺参数设置

6.4.2　切削参数设置

单击【2D 刀具路径 – 2D 挖槽】对话框中的【切削参数】选项卡,如图 6-47 所示。同外形铣削相同,这里只对特定参数的选项卡进行讨论。

【挖槽加工方式】共有 5 种,分别为标准、平面铣削、使用岛屿深度、残料加工、打开。当选取的所有串连均为封闭串连时,可以选择前 4 种加工方式。选择【标准】选项时,系统采用标准的挖槽方式,即仅铣削定义凹槽内的材料,而不会对边界外或岛屿的材料进行铣削;选择【平面铣削】选项时,相当于面铣削模块(Face)的功能,在加工过程种只保证加工出选择的表面,而不考虑是否会对边界外或岛屿的材料进行铣削;选择【使用岛屿深度】选项时,不会对边界外进行铣削,但可以将岛屿铣削至设置的深度;选择【残料加工】选项时,进行残料挖槽加工,其设置方法与残料外形铣削加工中参数设置相同。当选取的串连中包含有未封闭串连时,只能选择【打开】加工方式,在采用【打开】加工方式时,实际上系统是将未封闭的串连先进行封闭处理,再对封闭后的区域进行挖槽加工。

图 6-47　【切削参数】选项卡

当选择【平面铣削】或【使用岛屿深度】加工方式时,【2D 刀具路径 – 2D 挖槽】对话框如图 6-48 所示,该对话框中各选项的含义如下:

【重叠量】:用于设置以刀具直径为基数计算刀具超出的比例。例如,刀具直径 4mm,设定的超出比例 50%,则超出量为 2mm。它与超出比例的大小有关,等于超出比例乘以刀具直径。

【引进时延伸长度】:该参数用于设置下刀点到有效切削点的距离。

【退出引线长度】:该参数用于设置退刀点到有效切削点的距离。

【岛屿上方预留量】:该选项用于设置岛屿的最终加工深度,该值一般要高于凹槽的铣削深度。只有挖槽加工形式为使用岛屿深度时,该选项才被激活。

当选择【打开】加工方式时,如图 6-49 所示。选中【使用开放轮廓的切削方法】复选项时，则采用开放轮廓加工的走刀方式，否则采用【粗加工/精加工】选项卡中的走刀方式。

图 6-48　标准挖槽平面铣削类型　　　　图 6-49　标准挖槽开放式挖槽

对于其他选项，其含义和外形铣削参数相关内容相同，读者可以自行结合外形铣削加工参数自行领会。

6.4.3　粗加工/精加工的参数

在挖槽加工中加工余量一般都比较大，为此，可以通过设置粗切/精修的参数；来提高加工精度。单击【2D 刀具路径 – 2D 挖槽】对话框中的【粗加工】选项，如图 6-50 所示。

图 6-50　【粗加工】选项卡

1.　粗切方式设置

选中【粗加工】选项卡中的【粗车】复选框，则可以进行粗切削设置。Mastercam 提供了 8 种粗切削的走刀方式：双向、等距环切、平行环切、平行环切清角、依外形环切、高速切削、单向、螺旋切削。这8种方式又可以分为直线切削和螺旋切削两大类。

(1)直线切削包括双向切削和单向切削。双向切削产生一组平行切削路径并来回都进行切削。其切削路径的方向取决于切削路径的角度（Roughing）的设置。单向切削所产生的刀具路径与双向切削基本相同，所不同的时单向切削按同一个方向进行切削。

(2)螺旋切削是以挖槽中心或特定挖槽起点开始进刀，并沿着挖槽壁螺旋切削。螺旋切削有5种方式：①等距环切：产生一组螺旋式间距相等的切削路径。②平行环切：产生一组平行螺旋式切削路径，与等距环切路径基本相同。③平行环切清角：产生一组平行螺旋且清角的切削路径。④依外形环切：根据轮廓外形产生螺旋式切削路径，此方式至少有一个岛屿，且生成的刀具路径比其他模式生成的刀具路径要长。⑤螺旋切削：以圆形、螺旋方式产生切削路径。

2. 切削间距

在Mastercam中提供了两种输入切削间距的方法。既可以在【切削间距（直径%）】文本框中指定占刀具直径的百分比间接指定切削间距，此时切削间距=百分比×刀具直径，也可以在【切削间距（距离）】文本框直接输入的切削间距数值。值得注意的是，该参数和切削间距（直径%）是相关联的，更改任何一个，另一个也随之改变。

2. 粗加工下刀方式

在挖槽粗加工路径中，下刀方式分为3种：关，即刀具从零件上方垂直下刀；螺旋式下刀，即以螺旋下降的方式向工件进刀；斜插，即以斜线方式向工件进刀。

默认的情况是关，选中【进刀方式】选项卡，单击【螺旋式下刀】复选框或【斜插】复选框，如图6-51、图6-52所示，分别用于设置螺旋式下刀和斜插。这两个选项卡中的内容基本相同，下面对主要的选项进行介绍。

图6-51　螺旋形选项卡

(1)【最小半径/长度】：进刀螺旋的最小半径或斜线刀具路径的最小长度。可以输入与刀具直径的百分比或者直接输入半径值。

（2）【最大半径/长度】：进刀螺旋的最大半径或斜线刀具路径的最大长度。可以输入与刀具直径的百分比或者直接输入半径值。

（3）【Z高度】：指定开始螺旋或斜插进刀时距工件表面的高度

（4）【XY方向预留量】：指定螺旋槽或斜线槽与凹槽在X向和Y向的安全距离。

（5）【进刀/退刀角度】：对于螺旋式下刀，只有进刀角度，该值为螺旋线与XY平面的夹角，角度越小，螺旋的圈数越多，一般设置为3°～20°之间。对于斜插下刀，该值为刀具插入或切出角度，如图6-52所示，它通常选择3°。

（6）【如果所有进刀法失败时/斜插下刀】：设置螺旋或斜插下刀失败时的处理方式，既可以为【钻削式】也可以【中断程式】。

（7）【进刀采用的进给率】：既可以是采用刀具的Z向进刀速率作为进刀或斜插下刀的速率；也可以采用刀具水平切削的进刀速率作为进刀或斜插下刀的速率。

（8）【方向】：指定螺旋下刀的方向，有顺时针和逆时针两种选项，该选项仅对螺旋下刀方式有效。

（9）【由进入点执行斜插】：设定刀具沿着边界移动，即刀具在给定高度，沿着边界逐渐下降刀具路径的起点，该选项仅对螺旋下刀方式有效。

（10）【将进入点设为螺旋中心】：表示下刀螺旋中心位于刀具路径起始点（下刀点）处，下刀点位于挖槽中心。

（11）【附加的槽宽】：指定刀具在每一个斜线的末端附加一个额外的导圆弧，使刀具路径平滑，圆弧的半径等于输入框中数值的一半。

图6-52　斜降下刀选项卡

4．覆盖进给率

该选项用于重新设置精加工进给速度，它有两种方式：

（1）【进给率】：在精切削阶段，由于去除的材料通常较少，所有可能希望增加进给速率以提高加工效率。该输入框可输入一个与粗切削阶段不同的精切削进给速率。

（2）【主轴转速】：该输入框可输入一个与粗切削阶段不同的精切削主轴转速。

此外，粗加工/精加工的参数还可以完成其他参数的设定，如精加工次数、进/退刀方式、切削补偿等。对于这些参数有些参数已经在前面已经叙述，有些比较容易理解，这里不再一一赘述。

6.4.4 挖槽加工实例

在外形铣削的基础上创建挖槽加工。

 光盘\视频教学\第6章\挖槽加工实例.avi

操作步骤如下：

01 承接外形铣削示例结果，执行【刀具路径】→【2D 挖槽】命令，系统弹出提示【选取挖槽串连 1】，选取图 6-53 所示的内边。

02 选取完加工边界后，单击【串连选项】对话框中的 ✔ 按钮，系统弹出【2D 刀具路径 – 2D 挖槽】对话框，用户单击该对话框中的【刀具】选项卡，在该选项卡中单击【选择刀库】按钮，系统弹出【选择刀具】对话框，本例选取【Steel – MM.TOOLS】刀具库，由于轮廓的圆角为 6，因此在此刀具库中选取直径为 12 的平底刀。接着单击对话框中的 ✔ 按钮，回到【2D 刀具路径 – 2D 挖槽】对话框，可见到选择的平底刀已进入对话框中。

03 双击平底刀图标，弹出【刀具定义】对话框。对话框中显示的刀具就是平底刀。由于系统给出的刀具尺寸参数符合实际加工要求，因此不做修改。单击【计算转速/进给】按钮，再单击 ✔ 按钮，退回【2D 刀具路径 – 2D 挖槽】对话框。

04 单击【2D 刀具路径 – 2D 挖槽】对话框中的【共同参数】选项卡，设置参数如下：【提刀速率】为 20，坐标形式为【绝对坐标】，【下刀位置】为 3，【工作表面】为-1.0，【深度】为-10，如图 6-54 所示。

图 6-53 选择挖槽边界　　　　　　　图 6-54 共同参数设置

05 在【深度切削】选项卡中设置【最大粗切步进量】为 5.0，【精修次数】为 1，【精修量】为 1，如图 6-55 所示。在【贯穿】选项卡中设置【贯穿距离】为 0，如图 6-56 所示。

图 6-55　深度切削设置

图 6-56　贯穿设置

06 单击【2D 刀具路径 – 2D 挖槽】对话框中的【进刀方式】选项卡，对话框中的参数如图 6-51 设置，斜插下刀的参数如图 6-52 所示。

为了验证挖槽铣削参数设置的正确性，可以通过模拟挖槽铣削过程，来观察工件在切削过程中的下刀方式和路径的正确性。单击刀具路径管理器中的【验证已选择的操作】按钮，在弹出的【验证】对话框中单击【机床】按钮，得到如图 6-57 所示的模拟过程。

图 6-57　挖槽模拟过程

6.5 钻孔加工

孔加工是机械加工中使用较多的一个工序，孔加工的方法也很多，包括钻孔、镗孔、攻螺纹、绞孔等。Mastercam 也提供了丰富的钻孔方法，而且可以自动输出对应的钻孔固定循环。

6.5.1 点的选择

由于孔加工的大小是由刀具直接决定的，因此，用户只需指定需要钻孔的位置即可。对于孔心的位置，除了可以由用户自行绘制外，系统也提供了一些很有用的选择方式，如图 6-58 所示。

【手动】：用于用手动方法创建钻孔中心，创建方法可以参考点的创建相关内容。

【自动】：用于用自动的方法创建钻孔中心。选择该命令后，系统要求用户依次输入或选择第一个点、第二个点和最后一个点后，自动选择已存在的一系列点作为钻孔中心。

【图素】：将选择的图素的端点作为钻孔中心。

【窗选】：通过选择两个对角点生成一个矩形窗口，系统将该窗口内的所有点作为钻孔中心。

【限定圆弧】：将选择的圆弧或圆的圆心作为钻孔中心。

【选择上次(%A)】：使用上一次钻孔刀具路径的点以及排列方法作为本次钻孔刀具路径的点和排列方法。

☑实体特征阵：选中该选项，则根据预定义的样式定义钻孔中心，包括：

（1）【风格】：创建一系列格点，此时【X】、【Y】文本框被激活，分别用户设置格点的长、宽以及长宽方向上的间距。

（2）【圆周点】：在特定的圆上创建钻孔中心点，此时【半径】、【起始角度】、【角度之间】、【圆数量】被激活，分别用于设置圆周点的相关参数。、

【编辑...】：用于对已经选择的点进行编辑。

【排序...】：用于设置钻孔中心点的排序方式，系统提供了 17 种二维排序，如图 6-59 所示；12 种旋转排序，如图 6-60 所示；16 种交叉断面排序，如图 6-61 所示。

【撤消选择】：用于取消已选择的单孔，取消的顺序为选孔的倒序。

【全部撤消】：用于一次性取消所有孔的选取。

【副程序...】：用于重复钻削孔的位置。单击【副程序】按钮，系统弹出【选择钻孔操作】对话框，如图 6-62 所示，从列表中选择一个刀具路径，并设置子程序参数，单击☑按钮，弹出【钻孔参数】对话框，进行刀具和钻削参数设置，再单击☑按钮即可增加一个新的刀具路径。

图 6-58　【选择钻孔的点】对话框　　　　图 6-59　二维排序方法　　　　图 6-60　旋转排序方法

图 6-61　交叉断面排序方法

图 6-62　【选择钻孔操作】对话框

6.5.2　钻孔刀具设置

绘制好轮廓图形或打开已经存在的图形时，执行【刀具路径】→【钻孔】命令或在刀具管理器的树状结构图空白区域单击右键，在弹出的快捷菜单中选择【铣床刀具路径】→【钻孔】选项，然后在绘图区采用手动选取钻孔点位置的方式定义钻孔位置，然后单击【选取钻孔点】对话框中的 按钮，系统弹出【2D 刀具路径-钻孔/全圆铣削 深孔钻-无啄孔】对话框，单击该对话框中的【刀具】选项卡，弹出如图 6-63 所示的对话框，单击对话框中的【选择刀库】按钮，弹出【选择刀具】对话框，选取直径为 12 的钻头，如图 6-64 所示，单击对话框中的【确定】按钮，返回【2D 刀具路径-钻孔/全圆铣削 深孔钻-无啄孔】对话框。接着双击此刀具图标，进入【定义刀具】对话框，由于刀具的尺寸参数符合工艺要求，因此不再改动，切换到【参数】选项对话框中，先选择钻孔方式，再根据钻孔方式设置刀具加工工艺参数，如图 6-65 所示，钻孔方式选取将在下节说明。

图 6-63　【刀具】选项卡

图 6-64　钻孔刀具

6.5.3　钻孔切削参数

1. 钻孔方式

Mastercam 提供了 20 种钻孔方式，其中 7 种为标准形式，另外 13 种为自定义形式，如图 6-66 所示。

（1）Drill/Counterbore（钻通孔/镗孔）：钻头从起始高度快速下降至参考高度，然后以设定的进给量钻孔，到达孔底后，暂停一定时间后返回。钻通孔/镗孔常用于孔深度小于 3 倍的刀具直径的浅孔。

图 6-65　刀具参数设置

从【循环】下列列表中选择【Drill/Counterbore】选项后，则【暂留时间】文本框被激活，它用于指定暂停时间，默认为 0，即没有暂停时间。

（2）深孔啄钻：指钻头从起始高度快速下降至参考高度，然后以设定的进给量钻孔，钻到第一次步距后，快速退刀至起始高度以达到排屑的目的，然后再次快速下刀至前一次步距上部的一个步进间隙处，再按照给定的进给量钻孔至下一次步距，如此反复，直到钻至要求深度。深孔啄钻一般用于孔深大于 3 倍刀具直径的深孔。

从【循环】下列列表中选择【深孔啄钻】选项后，则【Peck】文本框被激活，用于设置步距。

（3）断屑式：断屑式钻孔和深孔啄钻类似，也需要多次回缩以达到排屑的目的，只是回缩的距离较短。它适合于孔深大于 3 倍直径的孔。设置参数和深孔啄钻类似。

（4）攻牙：可以攻左旋和右旋螺纹，左旋和右旋主要取决于选择的刀具和主轴旋向。

（5）Bore #1(feed-out)：用进给速率进行镗孔和退刀，该方法可以获得表面较光滑的直孔。

（6）Bore #2(stop spindle,rapid out)：用进给速率进行镗孔，至孔底主轴停止旋转，刀具快速退回。

（7）Fine Bore(shift)：镗孔至孔底时，主轴停止旋转，将刀具旋转一个角度（即让刀，它可以避免刀尖与孔壁接触）后再退刀。

2．刀尖补偿

单击【刀尖补正】选项卡，如图 6-67 所示。可以利用该对话框设置补偿量。该对话框的含义比较简单，在此不再叙述。

图 6-66　钻孔形式

图 6-67　【刀尖补正】选项卡

6.5.4　钻孔实例

在挖槽加工的基础上进行钻孔加工。

 光盘\视频教学\第6章\钻孔实例.avi

操作步骤如下：

01 承接挖槽加工步骤，接着执行【刀具路径】→【钻孔】命令，选择如图 6-68 所示的四个圆的圆心做为钻孔的中心点。

02 选取钻孔刀具，刀具的直径为 12mm，由于系统给出的刀具尺寸参数符合实际加工要求，因此不做修改。单击【计算转速/进给】按钮，再单击 ✔ 按钮，退回【2D 刀具路径-钻孔/全圆铣削 深孔钻-无琢孔】对话框。

图 6-68　选取的钻孔点

单击【2D 刀具路径-钻孔/全圆铣削 深孔钻-无啄孔】对话框中的【共同参数】选项卡，进行如图 6-69 所示的设置。以上参数设置完后，系统显示钻孔加工路径，如图 6-70 所示。

图 6-69　【共同参数】设置

03 为了验证钻孔参数设置的正确性，可以通过模拟钻孔加工过程，来观察工件在钻孔过程中走刀路径的正确性。单击刀具路径管理器中的【验证已选择的操作】按钮，在弹出的【验证】对话框中单击【机床】按钮，得到如图 6-71 所示的模拟结果。

图 6-70　钻孔加工路径显示

图 6-71　钻孔加工模拟

6.6　圆弧铣削

圆弧铣削是指主要以圆或圆弧为图形元素生成加工路径，它可以分为 7 种形式，分别为全圆铣削、螺旋铣削、自动钻孔、钻起始孔、铣键槽、螺旋钻孔。

📖6.6.1　全圆铣削

全圆铣削是指刀具路径从圆心移动到轮廓，然后绕圆轮廓移动而形成的。该方法一般用于扩孔（用铣刀扩孔，而不是用扩孔钻头扩孔）。

执行【刀具路径】→【全圆铣削路径】→【全圆铣削】命令或在刀具管理器的树状结构图空白区域单击右键，在弹出的快捷菜单中选择【铣床刀具路径】→【全圆路径】→【全圆铣削】选项，然后在绘图区选择好需要加工的圆、圆弧或点，确定后，系统弹出【2D 刀具路径 – 全圆铣削】对话框，如图 6-72 所示。

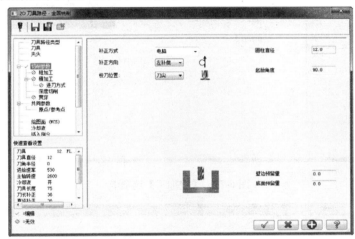

图 6-72　【2D 刀具路径 – 全圆铣削】

【圆柱直径】：如果在绘图区选择的图素是点时，则该项用于设置全圆铣削刀具路径的直径；如果在绘图区中选择的图素是圆或圆弧，则采用选择的圆或圆弧直径作为全圆铣削刀具路径的直径。

【起始角度】：用于设置全圆刀具路径的起始角度。

单击【粗加工】选项卡，如图 6-73 所示，对话框中各参数可以参考挖槽加工的相关内容。

📖6.6.2　螺旋铣削

螺旋铣削加工的刀具路径是一系列的螺旋形刀具路径，因此如果选择的刀具是镗刀杆，其上装有螺纹加工的刀头，则这种刀具路径可用于加工内螺纹或外螺纹。

执行【刀具路径】→【全圆铣削路径】→【螺旋铣削】命令或在刀具管理器的树状结

构图空白区域单击右键，在弹出的快捷菜单中选择【铣床刀具路径】→【全圆路径】→【螺旋铣削】选项，然后在绘图区选择好需要加工的圆、圆弧或点，确定后，系统弹出【2D 刀具路径 – 螺旋铣削】对话框。在该对话框的各个选项卡中设置刀具、螺旋铣削的各项参数，如图 6-74、图 6-75 所示，选项卡各选项的含义都介绍过，具体用法读者可以自行结合相关内容领会。

图 6-73　【粗加工】选项卡

图 6-74　【螺旋铣削】选项卡

图 6-75 【分层铣削】路径参数选项卡

6.6.3 自动钻孔

自动钻孔加工是指用户在指定好相应的孔加工后，由系统自动选择相应的刀具和加工参数，自动生成刀具路径，当然也可以根据自己的需要自行设置。

执行【刀具路径】→【全圆铣削路径】→【自动钻孔】命令或在刀具管理器的树状结构图空白区域单击右键，在弹出的快捷菜单中选择【铣床刀具路径】→【全圆路径】→【自动钻孔】选项，然后在绘图区选择好需要加工的圆、圆弧或点（选择方法可以参考第 4 节内容）确定后，系统弹出【自动圆弧钻孔】对话框。该对话框中有 4 个选项卡，具体如下：

【刀具参数】选项卡：用于刀具参数设置，如图 6-76 所示。其中【精加工刀具形式】下拉列表设置本次加工使用的刀具类型，而其刀具具体的参数，如直径，则由系统自动生成。

图 6-76 【刀具参数】选项卡

【深度、群组及资料库】选项卡：用于设置钻孔深度、机床组以及刀库，如图 6-77 所示。

图 6-77　【深度、群组及资料库】选项卡

【自定义钻孔参数】选项卡，用于设置用户自定义的钻孔参数，如图 6-78 所示，初学者一般都不用定义该参数。

图 6-78　【自定义钻孔参数】选项卡

【预钻】选项卡，如图 6-79 所示。预钻操作是指当孔较大而且精度要求较高时，在钻孔之前要先钻出一个小些的孔，再用钻的方法将这个孔扩大到需要的直径，这些前面钻出来的孔就是预钻。

图 6-79　【预钻】选项卡

（1）【预钻刀具的最小直径】：用于设置预钻刀具的最小直径。

（2）【预钻刀具的直径增量】：用于设置预钻的次数大于两次时，两次预钻直径孔的直径差。

（3）【精修的预留量】：用于为精加工留下的单边余量。

（4）【刀尖补正】：用于设置刀尖补偿，具体含义可以参考前面内容。

📖 6.6.4 钻起始孔

在实际加工中，可能遇到这样的情形，由于孔的直径较大或深度较深，无法用刀具一次加工成形。为了保证后续的加工能实现，需要预先切削掉一些材料，这就是起始点钻孔加工。

创建钻起始孔的刀具路径，必须先有创建好的铣削加工刀具路径，钻起始孔加工的刀具路径将插到被选择的刀具路径之前。

执行【刀具路径】→【全圆铣削路径】→【钻起始孔】命令或在刀具管理器的树状结构图空白区域单击右键，在弹出的快捷菜单中选择【铣床刀具路径】→【全圆路径】→【实体钻孔操作】选项，系统弹出【钻起始孔】对话框，如图6-80所示。

1. 【起始钻孔操作】：用于设置起始点钻孔加工放置的位置。

2. 【附加直径数量】：用于设置钻出的孔比后面铣削孔的直径超出量。

3. 【附加深度数量】：用于设置钻出的孔比后面铣削孔的深度超出量。

图 6-80 【钻起始孔】对话框

📖 6.6.5 铣键槽

铣键槽加工就是用来专门加工键槽的，其加工边界必须是由圆弧和连接两条直线构成。实际上，铣键槽加工也可以用普通的挖槽加工来实现。

执行【刀具路径】→【全圆铣削路径】→【铣键槽】命令或在刀具管理器的树状结构图空白区域单击右键，在弹出的快捷菜单中选择【铣床刀具路径】→【全圆路径】→【铣键槽】选项，系统弹出【2D 刀具路径 - 槽刀】对话框。

【粗/精加工】选项卡用于设置铣键槽加工的粗、精加工相关参数以及进刀方式和角度，如图 6-81 所示。

图 6-81　粗/精加工参数选项卡

6.6.6　螺旋铣孔

用钻头钻孔，钻头多大，孔就多大。如果要加工出比刀具路径大的孔，除了上面用铣刀挖槽加工或全圆铣削外，还可以用螺旋铣孔加工的方式实现。螺旋铣孔加工的动作是：整个刀杆除了自身旋转外，还可以整体绕某旋转轴旋转。这又和螺旋铣削动作有点类似，但实际上螺旋铣孔时，下刀量要比螺旋铣削小的多。

执行【刀具路径】→【全圆铣削路径】→【螺旋铣孔】命令或在刀具管理器的树状结构图空白区域单击右键，在弹出的快捷菜单中选择【铣床刀具路径】→【全圆铣削刀具路径】→【螺旋铣孔】选项，系统弹出【2D 刀具路径 - 螺旋铣孔】对话框。

【粗/精加工】选项卡，它用于设置螺旋铣孔加工的粗、精加工相关参数，如图 6-82 所示。

图 6-82　【粗/精加工】参数选项卡

读者也可以自行将第 4 节图形中的孔再用螺旋铣孔方式加工至要求的尺寸。

6.7 文字雕刻加工

雕刻加工属于铣削加工的一个特例，属于铣削加工范围。雕刻平面上的各种图案和文字，属于二维铣削加工，本节以示例的形式介绍 Mastercam 软件提供的这种功能。

雕刻加工对文字类型、刀具、刀具参数设置的要求比较高，因为如果设计的文字类型使得文字间的图素间距太小，造成铣刀不能加工如此纤细的笔画，还有刀具参数设计的不合理，可能雕刻的太浅，显示不出雕刻的美观。

在钻孔的基础上进行文字雕刻加工。

 光盘\视频教学\第6章\文字雕刻加工.avi

操作步骤如下：

01 承接钻孔加工后的结果，再绘制【北京科技大学】字样，字型选择真实字型（楷体），单击尺寸标注选项按钮 尺寸标注选项 ，弹出【注解文字】对话框，如图 6-83 所示。绘制结果如图 6-84 所示。

图 6-83 尺寸标注整体设置

图 6-84 绘制文字

02 执行【刀具路径】→【雕刻】命令，系统弹出【串连选项】对话框，在对话框内选择【窗口】按钮，接下来按图 6-85 所示，选择【北京科技大学】字样，选择完毕后，系统提示【输入搜寻点】，则按图 6-86 所示，选择【北】字第二笔画的端点作为搜寻点，选择后所有文字反色显示，再单击【串连选项】对话框中的 ✔ 按钮。

03 系统在刀具路径管理器中加入雕刻管理项，此时系统弹出【雕刻】对话框，在对话框内选择刀具，如图 6-87 所示，雕刻加工的刀具一般选择 V 形刀（倒角铣刀），如图 6-88 所示，雕刻文字时，倒角铣刀的底部宽度是要设置的关键尺寸，这个尺寸往往关系到雕刻的成败，一般小点好，但要注意与雕刻深度匹配。

此点作为搜寻点

图 6-85 选取雕刻字样　　　　　　　　图 6-86 选取搜寻点

图 6-87 选取刀具

由于本例的文字最小间距及拐角半径都很小,因此选择了图 6-89 所示的直径 1mm 的平底刀,刀具的尺寸参数设置如下:【刀柄直径】为 3,【刀长】为 15,【肩部】为 13,【刀刃】为 4,【直径】为 1,其他参数采用默认值;刀具的加工工艺参数设置如下:【进给率】为 200,【主轴转速】为 1000,【下刀速率】为 150,其他参数采用默认值。如图 6-90 所示。

图 6-88 倒角铣刀

图 6-89 设置平底刀参数

04 单击【雕刻】对话框中的【雕刻参数】选项卡,进入相应的对话框,对话框中的参数设置如下:【工件表面】为 10,【深度】为-13, 其他参数采用默认值,如图 6-91 所示;雕刻加工的深度一般很小大约 1mm 左右,本例为了加强雕刻的图形显示,设置雕刻深度为-13。

05 单击【雕刻】对话框中的【粗切/精修参数】选项卡,由于本例的切削深度较深,因此采取先粗切再精修的工艺,如图 6-92 所示。其中,粗切中的【切削顺序】项的意义类似挖槽加工中的走刀方式,下刀方式可激活【斜插下刀】选项,按加工要求设置参数,最

后单击对话框中的 ✔ 按钮，退出参数设置，待计算机花一定的时间来计算雕刻路径，计算路径的结果如图 6-93 所示。

图 6-90　设置平底刀工艺参数

图 6-91　雕刻加工参数设置

图 6-92　粗切/精修参数设置　　　　　　　图 6-93　雕刻加工路径

06 在刀具路径管理器中单击 Toolpath Group-1，如图 6-94 所示，接着单击【验证已选择的操作】按钮，打开【验证】对话框，再单击【机床】按钮，模拟标牌的整个加工工程，视角转换为等角试图后，得到加工的最终结果如图 6-95 所示。

图 6-94　回到路径的开始　　　　　图 6-95　模拟的最终结果

6.8　综合实例——底座

图 6-96 所示为底座尺寸图。本例使用二维加工的面铣、外形铣削、挖槽加工、钻孔加工以及全圆加工方法。通过本实例，希望读者对 Mastercam 二维加工有进一步的认识。

图 6-96　底座模型

　光盘\视频教学\第6章\底座.avi

操作步骤如下：

6.8.1　加工零件与工艺分析

为了保证加工精度，选择零件毛坯为 $\Phi80$ 的棒料，长度为 35。根据模型情况，需要加工的是：平面，43×43 的四方台面，$\Phi8$ 的孔，4 个六边形槽，工艺台阶。其加工路线如下：铣平面→钻中心孔→扩孔→粗铣 4 个六边形孔→精铣四方台面→精铣 4 个六边形孔→

精铣工艺台阶。表 6-1 所示为本次加工中使用的刀具参数。

表 6-1 加工中使用的刀具参数表

刀具号码	刀具名称	刀具材料	刀具直径 /mm	零件材料（铝材）			备注
				转速 r/min	径向进给量	轴向进给量	
T1	端铣刀	高速钢	12	600	120	50	粗铣
T2	端铣刀	高速钢	4	2500	250	150	精铣
T3	中心钻	高速钢	5	1500		80	钻中心孔
T5	端铣刀	高速钢	1	10000	1000	500	精绞孔

6.8.2 加工前的准备

加工所用二维图形，用户可以直接从光盘的初始文件中调入。

01 选择机床。为了生成刀具路径，首先必须选择一台实现加工的机床，本次加工用系统默认的铣床，即执行【机床类型】→【铣床】→【默认】命令即可。

02 工件设置。在操作管理区中，单击【素材设置】选项，系统弹出【机器群组属性】对话框，在该对话框中设置【形状】为【圆柱体】，中心轴为【Z】，直径为 80，高为 35，如图 6-97 所示。如果勾选【显示】复选框，就可以在绘图区中显示刚设置的毛坯，如图 6-98 所示。

图 6-97 工件材料设置

图 6-98 面铣图素的选择

6.8.3 刀具路径的创建

01 铣毛坯上表面.

❶执行【刀具路径】→【平面铣】命令，系统打开【输入新 NC 名称】对话框，在该

对话框中输入【6.8 综合实例-底座】，然后单击 ✓ 按钮。

❷系统弹出的【串连选项】对话框，在绘图区选择外圆图素，然后单击 ✓ 按钮。

❸单击【2D 刀具路径 – 平面铣削】对话框中的【刀具】选项卡，进入刀具参数设置区。单击【选择刀库】按钮，选择直径为 12mm 的平底刀，设置【进给率】为 50；【下刀速率】和【提刀速率】为 120；【主轴转速】为 600；其他参数采用默认值，如图 6-99 所示。

图 6-99　面铣刀具的选择与定义

❹单击【2D 刀具路径 – 平面铣削】对话框中的【共同参数】选项卡，进平面铣削设置区。设置参数如下：【安全高度】为 80，坐标形式为【绝对坐标】；【提刀速率】为 50，坐标形式为【绝对坐标】；【下刀位置】为 10，坐标形式为【增量坐标】；【深度】为 33，坐标形式为【绝对坐标】；其他均采用默认值，如图 6-100 所示。设置完后，单击 ✓ 按钮，系统立即在绘图区生成刀具路径。

图 6-100　面铣加工参数设置

❺刀具路径验证、加工仿真。在操作管理区单击 ≋ 按钮即可进入刀具路径，图 6-101 所示为刀具路径的校验效果。在确定了刀具路径正确后，还可以通过真实加工模拟来观察

加工结果。单击 按钮即可对使用相关命令完成工件的加工仿真，图 6-102 所示为加工模拟的效果图。

图 6-101　刀具路径校验效果

图 6-102　真实加工模拟效果

02 粗铣 43×43 的四方台面.

❶为了方便操作，单击 ≋ 按钮可以上面生成的刀具路径隐藏（后续各步均有类似操作，不再叙述）。

❷执行【刀具路径】→【外形铣削】命令。系统弹出【串连选项】对话框，在绘图区选择 43×43 四方形，如图 6-103 所示，最后单击 ☑ 按钮。

❸单击【2D 刀具路径 - 外形】对话框中的【共同参数】选项卡，进入外形铣削设置区。设置参数如下：【安全高度】为 80，坐标形式为【绝对坐标】；【提刀速率】为 50，坐标形式为【绝对坐标】；【下刀位置】为 10，坐标形式为【增量坐标】；【工件表面】为 38，坐标形式为【绝对坐标】；【深度】为 14，坐标形式为【绝对坐标】；其他均采用默认值，如图 6-104 所示。值得注意的是：由于铣四方台面的刀具和面铣相同，因此无需再重新设置。

图 6-103　外形铣削图素选择

图 6-104　外形铣削加工参数设置

❹单击【2D 刀具路径 - 外形】对话框中的【分层铣削】选项卡，进入分层切削设置

203

区，设置粗车【号码】为 3，粗加工【间距】为 5；精加工【号码】为 1，【间距】为 0.5，如图 6-105 所示。

图 6-105 分层切削参数设置

❺单击【2D 刀具路径 – 外形】对话框中的【深度切削】选项卡，进入深度分层切削设置区，设置【最大粗切步进量】为 10，其他采用默认值，如图 6-106 所示。单击该对话框中的 ✔ 按钮即可生成相应的刀具路径。

图 6-106 深度切削参数设置

❻刀具路径验证、加工仿真。在操作管理区单击 ≋ 按钮即可进入刀具路径，图 6-107 所示为刀具路径的校验效果。在确定了刀具路径正确后，还可以通过真实加工模拟来观察加工结果。单击 ● 按钮即可对使用相关命令完成工件的加工仿真，图 6-108 所示为加工模

拟的效果图。

图6-107　刀具路径校验效果

图6-108　真实加工模拟效果

03 钻中心孔

❶执行【刀具路径】→【钻孔】命令。

❷系统弹出的【选取钻孔的点】对话框，在绘图区选择圆的中心，如图6-109所示。然后单击 ✓ 按钮。

图6-109　钻孔点选择示意

❸单击【2D 刀具路径-钻孔/全圆铣削 深孔钻-无啄孔】对话框中的【刀具】选项卡，进入刀具参数设置区。单击【选择刀库】按钮，选择直径为12mm的钻头，设置【进给率】为80；【主轴转速】为1500；其他参数采用默认值，如图6-110所示。

图6-110　钻孔刀具选择与设置

❹单击【2D 刀具路径-钻孔/全圆铣削 深孔钻-无啄孔】对话框中的【共同参数】选项

卡，进钻孔加工参数设置区。参数设置如下：【安全高度】为 80，坐标形式为【绝对坐标】；【提刀速率】为 45，坐标形式为【绝对坐标】；【工件表面】为 33，坐标形式为【绝对坐标】；【深度】为 0，坐标形式为【绝对坐标】；单击【2D 刀具路径-钻孔/全圆铣削 深孔钻-无啄孔】对话框中的【刀尖补正】选项卡，并勾选【刀尖补正】复选框，其他均采用默认值，如图 6-111 所示。

图 6-111　钻孔加工参数设置

❺刀具路径验证、加工仿真。在操作管理区单击 按钮即可进入刀具路径，图 6-112 所示为刀具路径的校验效果。在确定了刀具路径正确后，还可以通过真实加工模拟来观察加工结果。单击 按钮即可对使用相关命令完成工件的加工仿真，图 6-113 所示为加工模拟的效果图。

图 6-112　刀具路径校验效果　　图 6-113　真实加工模拟效果　　图 6-114　扩孔图素选择示意

04 扩孔。

❶执行【刀具路径】→【全圆铣削路径】→【全圆铣削】命令。单击弹出的【选取钻孔的点】对话框中的【图素】按钮，并在绘图区选择中心圆，如图 6-114 所示。然后单击 按钮。

❷单击【2D 刀具路径 - 全圆铣削】对话框中的【刀具】选项卡，进入刀具参数设置

区。设置参数如下：单击【选择库中的刀具】按钮，选择直径为 4mm 的平底刀，【进给率】为 250；【主轴转速】为 2500；其他参数采用默认值，如图 6-115 所示。

图 6-115　全圆铣削刀具参数设置

❸单击【2D 刀具路径 - 全圆铣削】对话框中的【共同参数】选项卡，进扩孔参数设置区。设置参数如下：【安全高度】为 80，坐标形式为【绝对坐标】；【提刀速率】为 45，坐标形式为【绝对坐标】；【下刀位置】为 10，坐标形式为【增量坐标】；【工件表面】为 33，坐标形式为【绝对坐标】；【深度】为 0，坐标形式为【绝对坐标】，如图 6-116 所示。

图 6-116　扩孔共同参数设置

❹单击【2D 刀具路径 - 全圆铣削】对话框中的【切削参数】选项卡，【起始角度】为 90，【进/退刀圆弧的扫描角】为 180，其他均采用默认值，如图 6-117 所示。

图 6-117　切削参数设置

❺单击【2D 刀具路径 - 全圆铣削】对话框中的【深度切削】选项卡，进入深度分层切削设置，设置【最大粗切步进量】为 5，如图 6-118 所示，然后单击 ✔ 按钮。

图 6-118　切削深度设置

❻刀具路径验证、加工仿真。在操作管理区单击 ≋ 按钮即可进入刀具路径，图 6-119 所示为刀具路径的校验效果。在确定了刀具路径正确后，还可以通过真实加工模拟来观察加工结果。单击 📦 按钮即可对使用相关命令完成工件的加工仿真，图 6-120 所示为加工模拟的效果图。

(05) 粗铣六边形槽。

❶执行【刀具路径】→【2D 挖槽】命令。利用系统弹出的【串连选项】对话框，选择其中一六边形，如图 6-121 所示，然后单击 ✔ 按钮。

图 6-119　刀具路径校验效果　　　图 6-120　真实加工模拟效果　　　图 6-121　挖槽图素选择

❷单击【2D 刀具路径 - 2D 挖槽】对话框中的【刀具】选项卡，选中 4mm 的平底刀。

❸单击【2D 刀具路径 - 2D 挖槽】对话框中的【共同参数】选项卡，进挖槽参数设置区。设置参数如下：【安全高度】为 80，坐标形式为【绝对坐标】；【提刀速率】为 45，坐标形式为【绝对坐标】；【下刀位置】为 10，坐标形式为【增量坐标】；【工件表面】为 14，坐标形式为【绝对坐标】；【深度】为 0，坐标形式为【绝对坐标】；其他均采用默认值，如图 6-122 所示。

图 6-122　挖槽加工参数设置

❹单击【2D 刀具路径 - 2D 挖槽】对话框中的【深度切削】选项卡，进入深度分层切削设置区，设置【最大粗切步进量】为 5，如图 6-123 所示，然后单击 ✓ 按钮。

❺执行【刀具路径】→【路径转换】命令，系统弹出【转换操作参数设置】对话框，在该对话框的【类型】中选择【旋转】，并在【原始操作】列表中选择挖槽刀具路径，如图 6-124 所示。

❻单击【转换操作参数设置】对话框中的【旋转】选项卡，如图 6-125 所示，设置【旋转的基准点】为原点，【切削次数】为 4，【起始角度】为 90，【旋转角度】为 90，最后单击 ✓ 按钮。

❼刀具路径验证、加工仿真。在操作管理区单击 ≋ 按钮即可进入刀具路径，图 6-126 所示为刀具路径的校验效果。在确定了刀具路径正确后，还可以通过真实加工模拟来观察

加工结果。单击 按钮即可对使用相关命令完成工件的加工仿真，图 6-127 所示为加工模拟的效果图。

图 6-123　深度切削参数设置

图 6-124　转换操作类型选择

图 6-125　刀具路径旋转转换参数设定

图 6-126　刀具路径校验效果

06 精铣六边形槽。

❶执行【刀具路径】→【2D 挖槽】命令。利用系统弹出的【串连选项】对话框，选择其中一六边形。然后单击 ✓ 按钮。

❷单击【2D 刀具路径 - 2D 挖槽】对话框中的【刀具】选项卡，选中 1mm 的平底刀，并设置其参数如下：【进给率】为 1000，【主轴转速】为 10000，【下刀速率】为 500，【提刀速率】为 500，如图 6-128 所示。

图 6-127　真实加工模拟效果

图 6-128　精铣槽刀具的选择与设置

❸单击【2D 刀具路径 - 2D 挖槽】对话框中的【共同参数】选项卡，进入挖槽参数设置区。设置参数如下：【安全高度】为 100，坐标形式为【绝对坐标】；【提刀速率】为 50，坐标形式为【绝对坐标】；【下刀位置】为 10，坐标形式为【增量坐标】；【工件表面】为 14，坐标形式为【绝对坐标】；【深度】为 0，坐标形式为【绝对坐标】，其他均采用默认值，如图 6-129 所示。

图 6-129　精铣槽加工参数设置

❹单击【2D 刀具路径 - 2D 挖槽】对话框中的【切削参数】选项卡，【挖槽加工方式】

211

为【残料加工】。

❺单击【2D 刀具路径 - 2D 挖槽】对话框中的【深度切削】选项卡，进入深度分层切削设置区。设置【最大粗切步进量】为 5，如图 6-130 所示，然后单击 ✓ 按钮。

图 6-130　深度切削参数设置

❻同粗加工槽类似，精加工槽也要对刀具路径进行旋转操作，读者可以结合上述内容自行完成。

❼刀具路径验证、加工仿真。在操作管理区单击 ≋ 按钮即可进入刀具路径，图 6-131 所示为刀具路径的校验效果。在确定了刀具路径正确后，还可以通过真实加工模拟来观察加工结果。单击 🗐 按钮即可对使用相关命令完成工件的加工仿真，图 6-132 所示为加工模拟的效果图。

图 6-131　刀具路径校验效果

图 6-132　真实加工模拟效果

6.9　思考与练习

1. Mastercam X7 软件提供的二维加工方法有哪几种？
2. 外形铣削模组的加工类型分为哪 4 种？
3. Mastercam 的二维铣削加工需设置的高度参数包括哪些，它们都有什么意义？
4. 钻孔深度大于 3 倍刀具直径的深孔一般用哪些钻孔循环方式？

6.10 上机操作与指导

1. 自行完成图 6-133 所示的模型（尺寸自定），然后进行外形铣削加工操作，采用直径 20mm 平底刀，加工深度 5mm，输出刀具路径、仿真加工结果。

2. 在图 6-134 所示的模型中进行钻削加工操作，采用直径 16 mm 和 20mm 钻头，加工深度 10mm，应用操作管理器对模型进行外形铣削与钻削顺序加工，输出刀具路径、仿真加工结果。

图 6-133　外形铣削练习

图 6-134　外形钻削练习

第 **7** 章

曲面粗加工

　　三维加工又称曲面加工，它和二维加工的最大区别在于：三维加工 Z 向不在是一种间歇运行，而是与 XY 方向一起运动，从而形成三维的刀具路径。三维加工常用于曲面和实体的加工。

　　三维加工又分为粗加工和精加工，本章将对三维粗加工的加工方法进行讲述。

- 平行铣削粗加工
- 放射粗加工
- 投影粗加工
- 流线粗加工
- 等高外形粗加工
- 残料粗加工
- 挖槽粗加工
- 降速钻削式加工

7.1 曲面加工公用参数设置

曲面粗、精加工的各种类型都有自己的参数，但是可以把这些参数分为共同参数和特定参数两类。共同参数是指刀具参数的设置方法、曲面参数的设置方法对所有曲面加工类型基本相同。

7.1.1 刀具路径的曲面选择

所有的曲面的曲面加工都要遇到选择加工曲面的问题，选择曲面时，系统弹出如图7-1所示的对话框。

图 7-1 【刀具路径的曲面选择取】对话框

加工曲面、干涉面及边界范围对于曲面加工来说最基本的概念分述如下：

（1）加工面：是指刀具将要加工的曲面。

（2）检测：选择干涉面会限制刀具的移动，从而保证不发生过切现象，而且保证干涉表面不被刀具损伤。

（3）Containment boundary：加工范围是一个封闭的串连曲线，用来限制刀具在加工曲面刀具路径的加工区域。利用限制刀具的边界可以使刀具仅在所选的封闭曲线内进行切削。限制刀具的边界是限制刀具的移动范围而特别创建的边界。

7.1.2 刀具选择及参数设置

刀具路径的曲面选取完毕后，系统自动弹出【曲面粗加工平行铣削】对话框，以曲面粗加工平行铣削为例，对话框如图7-2所示。单击对话框所示的【选择刀库】按钮，打开刀库选择刀具。当然也可在最大空白处单击鼠标右键，接着执行【创建新刀具】命令也可。接下来，新选择的刀具已显示在对话框中，双击刀具图标，进入刀具尺寸参数、加工工艺参数设置，这些步骤与二维加工相同，请参看第5章。

7.1.3 高度设置

曲面加工的高度设置与二维加工相类似，不同的是二维加工要输入加工深度，而曲面加工中的深度是根据曲面的外形而定的，所以不需要进行深度设置，如图 7-3 所示。

图 7-2　刀具选择方式

图 7-3　高度设置

对话框中部分选项的说明如下：

【加工面预留量】：指材料边界与粗加工完成面所残留的未切削量，它可以设定预留给精加工的量。

【干涉面预留量】：对干涉面不发生过切的量。

【刀具切削范围】：在对话框中可以设定刀具切削的边界，而刀具将会限于该区域中加工。

7.1.4　进/退刀向量

激活并单击图 7-3 中所示的【进/退刀向量】，进入【方向】对话框，如图 7-4 所示。此对话框的功能分为两个部分，一部分为【进刀向量】设置，另一部分为【退刀向量】设置。对话框中各选项的意义如下：

【向量】：单击【向量】按钮，系统弹出对话框，在对话框中输入 X、Y、Z 方向的值，即为一空间点的坐标。此坐标与原点的连线构成矢量方向。

【参考线】：单击【参考线】按钮，系统提示选择一条直线，选择后，系统以此直线的长度作为进/退刀距离，以此直线的方向作为进/退刀方向，赋值框内的参数会随之改变。

【垂直进刀角度/提刀角度】：设置进/退刀时刀具路径在 Z 方向的角度。

【XY 角度】：即与 XY 平面的夹角，设置进刀或退刀时刀具路径在水平方向的角度。

【进/退刀引线长度】：下刀或退刀刀具路径的长度。

【相对于刀具】：定义以上的几个角度是相对于什么基准方向而言的，有相对于刀具平面所在的 X 轴方向与相对于切削方向两个基准方向。

图 7-4　进/退刀设置

7.1.5　记录档

在生成曲面加工刀具路径时，可以设置该曲面加工刀具路径的一个记录档文件，当对该刀具路径修改时，记录档文件可以用来加快刀具路径的刷新。单击图 7-3 中的【记录文件】按钮进入存储对话框，设定保存位置与名称后，单击【保存】按钮。

7.2　平行铣削粗加工

平行铣削粗加工是一种通用、简单和有效的加工方法，适合于各种形态的曲面加工。其特点是刀具沿着指定的进给方向进行切削，生成的刀具路径相互平行。

7.2.1　设置平行铣削粗加工参数

执行【刀具路径】→【曲面粗加工】→【平行铣削加工】命令，系统会依次弹出【选取工件形状】和【刀具路径的曲面选取】对话框，根据需要设定相应的参数和选择相应的图素后，单击 ✓ 按钮，此时系统会弹出【曲面粗加工平行铣削】对话框，该对话框有 3 个选项卡，其中【刀具路径参数】和【曲面参数】选项卡已经在前面叙述过，这里将详细介绍第 3 个选项卡中的内容，如图 7-5 所示。

图 7-5 粗加工平行铣削参数选项卡

1. 整体误差

总公差按钮后的编辑框可以设定刀具路径的精度误差。公差值越小，加工得到曲面就越接近真实曲面，当然加工时间也就越长。在粗加工阶段，可以设定较大的公差值以提高加工效率。

2. 切削方式

在切削方式下拉菜单中，有双向和单向两种方式可选。其中，双向是指刀具在完成一行切削后随即转向下一行进行切削；单向是指加工时刀具仅沿一个方向进给，完成一行后，需要抬刀返回到起始点再进行下一行的加工。

双向切削有利于缩短加工时间、提高加工效率，而单向切削则可以保证一直采用顺铣或逆铣加工，进而可以获得良好的加工质量。

3. 最大 Z 轴进给量

该选项定义在 Z 方向上最大的切削厚度。

4. 下刀的控制

下刀方式决定了刀具在下刀和退刀时在 Z 方向的运动方式，包含 3 种方式：

a)　　　　　　b)　　　　　　c)

图 7-6 下刀控制方式刀路示意

（1）【切削路径允许连续下刀提刀】：加工过程中，可顺着工件曲面的起伏连续进刀或退刀，如图 7-6a 所示，其中上图为刀具路径轨迹图，下图为成形效果图。

（2）【单侧切削】：沿工件的一边进刀或退刀，如图 7-6b 所示，其中上图为刀具路径轨迹图，下图为成形效果图。

（3）【双侧切削】：沿工件的两个外边向内进刀或退刀，如图 7-6c 所示，其中上图为刀具路径轨迹图，下图为成形效果图。

5．最大切削间距

最大切削间距可以设定同一层相邻两条刀具路径之间的最大距离，亦即 XY 方向上两刀具路径之间的最大距离。用户可以直接在【最大切削间距】文本框中输入指定值。如果要对切削间距进行更为详细的设置，可以单击【最大切削间距】按钮，系统弹出【最大步进量】对话框，如图 7-7 所示，其选项参数如下：

（1）【最大步进量】：和最大跨距参数相同。

（2）【大约环绕高度在平面】：如设定此值，表示平坦面上的残脊高度。

（3）【大约环绕高度在 45 度】：如设定此值，表示 45°等距环切高度。

6．切削深度

单击【切削深度】按钮，系统弹出【切削深度设置】对话框。利用该对话框可以控制曲面粗加工的切削深度以及首次切削深度等，如图 7-8 所示。

该对话框用于设置粗加工的切削深度。当选择绝对坐标时，要求用户输入最高点和最低点的位置，或者利用鼠标直接在图形上进行选择。如果选择相对坐标，则需要输入顶部预留量和切削边界的距离，同时输入其他部分的切削预留量。

图 7-7　【最大步进量】对话框

图 7-8　【切削深度设置】对话框

7．间隙设定

间隙是指曲面上有缺口或曲面有断开的地方，它一般由 3 个方面的原因造成：一是相邻曲面间没有直接相连，二是由曲面修剪造成的，三是删除过切区造成的。

单击【间隙设定】按钮，系统弹出【刀具路径的间隙设置】对话框，如图 7-9 所示，利用该对话框可以设置不同间隙时的刀具运动方式，下面对该对话框中各选项的含义进行说明。

（1）【允许的间隙】：用来设置系统容许的间隙，可以由两种方法来设置，其一是直接在【距离】文本框中输入，其二是通过输入步进量的百分比间接输入。

（2）【位移小于容许的间隙时，不提刀】：用于设置当偏移量小于容许间隙时，可以不进行提刀而直接跨越间隙，Mastercam 提供了 4 种跨越方式。

1）【不提刀】：是将刀具从间隙一边的刀具路径的终点，以直线的方式移动到间隙另一边刀具路径的起点。

2）【打断】：将移动距离分成 Z 方向和 XY 方向两部分来移动，亦即刀具从间隙一边的刀具路径的终点在 Z 方向上升或下降到间隙另一边的刀具路径的起点高度，然后再从 XY 平面内移动到所处的位置。

3）【平滑】：是指刀具路径以平滑的方式越过间隙，常用于高速加工。

4）【沿着曲面】：是指刀具根据曲面的外形变化趋势，在间隙两侧的刀具路径间移动。

（3）【位移大于容许间隙时，提刀至安全高度】：选中该复选项，当移动量大于容许间隙时，系统自动提刀，且检查返回时是否过切。

（4）【切削顺序最佳化】：选中该选项时，刀具路径将会被分成若干区域，在完成一个区域的加工后，才对另一个区域进行加工。

同时为了避免刀具切入边界太突然，还可以采用与曲面相切圆弧或直线设置刀具进刀/退刀动作。设置为圆弧时，圆弧的半径和扫描角度可分别在【切弧的半径】、【切弧的扫描角度】文本框中给定；设置为直线时，直线的长度可由【切线的长度】文本框指定。

8．高级设置

所谓高级设定主要是设定刀具在曲面边界的运动方式。单击【高级设置】按钮，系统弹出【高级设置】对话框，如图 7-10 所示。

图 7-9　【刀具路径的间隙设置】对话框

图 7-10　【高级设置】对话框

（1）【刀具在曲面（实体面）的边缘走圆角】：用于设置曲面或实体面的边缘是否走圆角，它有三个选项：

1）【自动（以图形为基础）】：选择该选项时，允许系统自动根据刀具边界及几何图素决定是否在曲面或实体面边缘走圆角。

2)【只在两曲面（实体面）之间】：选择该选项时，则在曲面或实体面相交处走圆角。

3)【在所有的边缘】：在所有边缘都走圆角。

（2）【尖角部份的误差（在曲面/实体面的边缘）】：用于设置刀具在走圆弧时移动量的误差，值越大，则生成的锐角越平缓。系统提供了两种设置方法：

1)【距离】：它将圆角打断成很多小直线，直线长度为设定值，因此距离越短，则生成直线的数量越多，反之，则生成直线的数量越少。

2)【切削方向误差的百分比】：用切削误差的百分比来表示直线长度值。

9．其他参数设定

（1）加工角度：指定刀具路径与 X 轴的夹角，该角度定向使用逆时针方向。

（2）定义下刀点：此选项是要求你输入一个下刀点。注意：选下刀点要在一个封闭的角上，且要相对于加工方向。

（3）允许沿面下降切削(-Z)／ 允许沿面上升切削(+Z)：用于指定刀具是在上升还是下降时进行切削。

7.2.2　平行铣削粗加工实例

对如图 7-11 所示的模型进行平行铣削粗加工。

光盘\视频教学\第7章\平行铣削粗加工.avi

操作步骤如下：

01 打开加工模型。执行【文件】→【打开文件】命令，打开光盘初始文件中名为【7.2.2　平行铣削粗加工实例.MCX-7】的文件，如图 7-11 所示。

02 选择机床。为了生成刀具路径，首先必须选择一台实现加工的机床，本次加工用系统默认的铣床，即直接执行【机床类型】→【铣床】→【默认】命令即可。

03 工件设置。在操作管理区中，单击【素材设置】选项，系统弹出【机器群组属性】对话框；在该对话框中，选择【立方体】单选项，设置素材原点分量 X、Y、Z 分别为（100、90、300），设置矩形长度分量 X、Y、Z 分别为（200、180、300），如图 7-12 所示。最后单击【机器群组属性】对话框中的 ✓ 按钮完成毛坯的参数设置。

04 创建刀具路径。

❶选择加工曲面。执行【刀具路径】→【曲面粗加工】→【平行铣削加工】命令或单击刀具管理器的树状结构图空白区域右键快捷菜单中的【铣床刀具路径】→【曲面粗加工】→【平行铣削】选项。

在系统弹出【选取工件形状】对话框中设置曲面的形状为【未定义】，如图 7-13 所示，然后单击 ✓ 按钮。

在系统弹出的【输入新的 NC 名称】对话框的文本框中输入【7.2.2　平行铣削粗加工实例】，然后单击 ✓ 按钮确定。

根据系统的提示在绘图区中选择如图7-14所示的加工曲面后按Enter键，系统弹出【刀具路径的曲面选取】对话框，最后单击该对话框中的 ✓ 按钮完成加工曲面的选取。

图 7-11　平行铣削粗加工模型示意

图 7-12　工件参数设置

加工曲面

图 7-13　工件形状的设置

图 7-14　加工曲面的选取

❷设置刀具参数。单击【曲面粗加工平行铣削】对话框中的【刀具路径参数】选项卡，进入刀具参数设置区。单击【选择刀库】按钮，选择直径为 10mm 的球刀，并设置相应的刀具参数，具体如下：【进给率】为 500，【主轴转速】为 2000，【下刀速率】为 400，【提刀速率】为 400，如图 7-15 所示。

❸设置曲面加工参数。单击【曲面粗加工平行铣削】对话框中的【曲面参数】选项卡，设置如下参数：【提刀速率】为 10，【下刀位置】为 3，加工面【预留量】为 0.5，如图 7-16 所示。

❹设置粗加工平行铣削参数。单击【曲面粗加工平行铣削】对话框中的【粗加工平行铣削参数】选项卡，设置如下参数：【最大切削间距】为 6，【切削方式】为【双向】，【最大 Z 轴进给】为 2，勾选【允许沿面下降切削】和【允许沿面上升切削】两个复选框，如图 7-17 所示。

图 7-15　刀具参数设置

图 7-16　曲面加工参数设置

图 7-17　粗加工平行铣削参数设置

　　设置完后，最后单击【曲面粗加工平行铣削】对话框中的 按钮，系统立即在绘图区生成刀具路径，如图 7-18 所示。

　　05 刀具路径验证、加工仿真与后处理。完成刀具路径设置以后，接下来就可以通过刀具路径模拟来观察刀具路径是否设置合适。单击 按钮即可对使用相关命令完成工件的加工仿真，图 7-19 所示为加工模拟的效果图。

在确认加工设置无误后，即可以生成 NC 加工程序了。单击 **G1** 按钮，设置相应的参数、文件名和保存路径后，就可以生成本刀具路径的加工程序。

图 7-18　平面铣削粗加工刀具路径示意

图 7-19　刀具路径校验效果

7.3　放射粗加工

放射粗加工是指以指定点为径向中心，反射状分层切削加工工件。加工完成后的工件表面刀具路径呈放射状，刀具在工件径向中心密集，刀具路径重叠较多，工件周围刀具间距大，由于该方法提刀次数较多，加工效率的，因此较少采用。

7.3.1　设置放射粗加工参数

执行【刀具路径】→【曲面粗加工】→【放射状加工】命令，系统会依次弹出【选取工件的形状】和【刀具路径的曲面选取】对话框，根据需要设定相应的参数和选择相应的图素后，单击　　　按钮，此时系统会弹出【曲面粗加工放射状】对话框，如图 7-20 所示。

图 7-20　曲面粗加工放射状对话框

该对话框的内容和【曲面粗加工平行铣削】对话框的内容基本一致，具体含义可以参考相关的内容，下面主要介绍针对放射状加工的专用参数，如图 7-21 所示。

1．最大角度增量

该值是指相邻两条刀具路径之间的距离。由于刀具路径是放射状的，因此，往往在中心部分刀具路径过密，而在外围则比较分散，所以工件越大，如果最大角度增量值也设得较大时，则越可能发生工件外围有些地方加工不到的情形；但反过来，如果最大角度值取得较小，则刀具往复次数又太多，从而加工效率低，因此，必须综合考虑工件大小、表面质量要求以及加工效率 3 方面的因素来选用最大角度增量。

2．起始补正距离

是指刀具路径开始点距离刀具路径中心的距离。由于中心部分刀具路径集中，所以要留下一段距离不进行加工，可以防止中心部分刀痕过密。

3．起始角度

是指起始刀具路径的角度，以与 X 方向的角度为准。

4．扫描角度

是指起始刀具路径与终止刀具路径之间的角度。

图 7-21　放射状刀具路径参数示意

7.3.2　放射粗加工实例

对如图 7-22 所示的模型进行放射粗加工。

图 7-22　放射粗加工模型示意

 光盘\视频教学\第7章\放射粗加工.avi

操作步骤如下：

01 打开加工模型。执行【文件】→【打开文件】命令，打开光盘初始文件中名为【7.3.2　放射粗加工实例.MCX-7】的文件，如图 7-22 所示。

02 选择机床。为了生成刀具路径，首先必须选择一台实现加工的机床，本次加工用系统默认的铣床，即直接执行【机床类型】→【铣床】→【默认】命令即可。

03 工件设置。在操作管理区中，单击【素材设置】选项，系统弹出【机器群组属性】对话框；在该对话框中，选择【立方体】单选项，设置素材原点分量 X、Y、Z 分别为（50、0、0），设置矩形长度分量 X、Y、Z 分别为（200、200、100），如图 7-23 所示。最后单击【机器群组属性】对话框中的 按钮完成毛坯的参数设置。

04 创建刀具路径。

❶选择加工曲面。执行【刀具路径】→【曲面粗加工】→【放射状加工】命令或单击刀具管理器的树状结构图空白区域右键快捷菜单中的【铣床刀具路径】→【曲面粗加工】→【放射状】选项。

在系统弹出【选取工件的形状】对话框中设置曲面的形状为【未定义】，如图 7-24 所示，并单击 ✓ 按钮，

在系统弹出的【输入新的 NC 名称】对话框的文本框中输入【7.3.2 放射粗加工实例】，然后单击 ✓ 按钮确定。

根据系统的提示在绘图区中选择如图 7-25 所示的加工曲面后按 Enter 键，系统弹出【刀具路径的曲面选取】对话框，最后单击该对话框中的 ✓ 按钮完成加工曲面的选取。

图 7-23　工件参数设置

图 7-24　工件形状的设置

❷设置刀具参数。单击【曲面粗加工放射状】对话框中的【刀具路径参数】选项卡，进入刀具参数设置区。单击【选择刀库】按钮，选择直径为 10mm 的球刀，并设置相应的刀具参数，具体如下：【进给率】为 500，【主轴转速】为 2000，【下刀速率】为 400，【提刀速率】为 400，如图 7-26 所示。

❸设置曲面加工参数。单击【曲面粗加工放射状】对话框中的【曲面参数】选项卡，设置如下参数：【安全高度】为 25，【提刀速率】为 10，【下刀位置】为 3，加工面【预留量】为 0.5，如图 7-27 所示。

❹设置放射状粗加工参数。单击【曲面粗加工放射状】对话框中的【放射状粗加工参数】选项卡，设置如下参数：【整体误差】为 0.1，【切削方式】为【双向】，【最大 Z 轴进

给量】为 5,【最大角度增量】为 6,勾选【允许沿面下降切削】和【允许沿面上升切削】
两个复选框,如图 7-28 所示。

窗选加工面

图 7-25　加工曲面的选取

图 7-26　刀具参数设置

图 7-27　曲面加工参数设置

图 7-28　放射状粗加工参数设置

单击【放射状粗加工参数】选项卡中的【切削深度】按钮,系统弹出【切削深度设定】
对话框,设置【第一刀的相对位置】为 1,【其他深度的预留量】为 0,如图 7-29 所示,然
后单击 ✓ 按钮确认。

最后单击【曲面粗加工放射状】对话框中的 ✓ 按钮,系统提示选择放射状中心点,
在如图 7-30 所示的 X、Y、Z 文本框中分别输入(50、0、0),并按 Enter 键,此时在绘图
区会生成刀具路径,如图 7-31 所示。

图 7-29　切削深度的设定

图 7-30　放射中心的设定

05 刀具路径验证、加工仿真与后处理。完成刀具路径设置以后，接下来就可以通过刀具路径模拟来观察刀具路径是否设置合适。单击 ✏ 按钮即可对使用相关命令完成工件的加工仿真，图 7-32 所示为加工模拟的效果图。

图 7-31　放射粗加工刀具路径示意

图 7-32　刀具路径校验效果

在确认加工设置无误后，即可以生成 NC 加工程序了。单击 **G1** 按钮，设置相应的参数、文件名和保存路径后，就可以生成本刀具路径的加工程序。

7.4　投影粗加工

投影粗加工是指将已有的刀具路径、线条或点投影到曲面上进行加工的方法。投影粗加工的对象，不仅仅可以是一些几何图素，也可以是些点组成的点集，甚至可以将一个已有的 NCI 文件进行投影。

📖7.4.1　设置投影粗加工参数

执行【刀具路径】→【曲面粗加工】→【投影加工】命令，系统会依次弹出【选取工件的形状】和【刀具路径的曲面选取】对话框，根据需要设定相应的参数和选择相应的图素后，单击 ✔ 按钮，此时系统会弹出【曲面粗加工投影】对话框，如图 7-33 所示。

图 7-33　曲面粗加工投影对话框

针对投影加工的参数主要有投影方式和原始操作两个。其中，投影方式用于设置投影粗加工对象的类型。在 Mastercam 中，可用于投影对象的类型包括 3 种：

1.【NCI】：选择已有的 NCI 文件作为投影的对象。选择该类型，可以在【原始操作】列表栏中选择 NCI 文件。

2.【曲线】：选择已有的曲线作为投影的对象。选择该类型后，系统会关闭该对话框并提示用户在绘图区中选取要用于投影的一组曲线。

3.【点】：选择已有的点进行投影。同选取曲线一样，选择该类型后，系统会关闭该对话框并提示用户在绘图区中选取要用于投影的一组点。

7.4.2　投影粗加工实例

对如图 7-34 所示的模型进行投影粗加工。

光盘\视频教学\第7章\投影粗加工.avi

操作步骤如下：

01 打开加工模型。执行【文件】→【打开文件】命令，打开光盘初始文件中名为【7.4.2　投影粗加工实例.MCX-7】的文件，如图 7-34 所示。

02 选择机床。为了生成刀具路径，首先必须选择一台实现加工的机床，本次加工用系统默认的铣床，即直接执行【机床类型】→【铣床】→【默认】命令即可。

03 创建刀具路径。

❶选择加工曲面。执行【刀具路径】→【曲面粗加工】→【投影加工】命令或单击刀具管理器的树状结构图空白区域右键快捷菜单中的【铣床刀具路径】→【曲面粗加工】→【投影加工】选项，

在系统弹出【选取工件的形状】对话框中设置曲面的形状为【未定义】，如图 7-35 所示，并单击 ✔ 按钮，

在系统弹出的【输入新的 NC 名称】对话框的文本框中输入【7.4.2　投影粗加工实例】，然后单击 ✔ 按钮确定。

根据系统的提示在绘图区中选择如图 7-36 所示的加工曲面后按 Enter 键，系统弹出【刀

具路径的曲面选取】对话框，最后单击该对话框中的 <u> ✓ </u> 按钮完成加工曲面的选取。

加工曲面

图7-34　投影粗加工模型示意　　　　　图7-35　工件形状的设置　　　　　图7-36　加工曲面的选取

❷设置刀具参数。单击【曲面粗加工投影】对话框中的【刀具路径参数】选项卡，进入刀具参数设置区。单击【选择刀库】按钮，选择直径为3mm的球刀，并设置相应的刀具参数，具体如下：【进给率】为200，【主轴转速】为3000，【下刀速率】为100，【提到速率】为100，如图7-37所示。

图7-37　刀具参数设置

❸设置曲面加工参数。单击【曲面粗加工投影】对话框中的【曲面参数】选项卡，设置如下参数：【提刀速率】为20，【下刀位置】为3，加工面【预留量】为-1，如图7-38所示。

❹设置投影粗加工参数。单击【曲面粗加工投影】对话框中的【投影粗加工参数】选项卡，设置如下参数：【整体误差】为0.05，【最大Z轴进给量】为1，设置【投影方式】为【曲线】，勾选【两切削间提刀】复选框，如图7-39所示。

设置完后，单击【曲面粗加工投影】对话框中的 <u> ✓ </u> 按钮，系统弹出【串联选项】对话框。选中该对话框中的 □ 按钮，然后根据系统的提示选取如图 7-40 所示的投影曲线以及搜寻点后按 Enter 键，此时在绘图区会生成如图 7-41 所示的刀具路径。

04 刀具路径验证、加工仿真与后处理。

完成刀具路径设置以后，接下来就可以通过刀具路径模拟来观察刀具路径是否设置合适。

图 7-38　曲面加工参数设置

图 7-39　投影粗加工参数设置

❶单击操作管理器中的 ● 按钮，系统弹出【验证】对话框。

❷单击【验证】对话框中的 ⬚ 按钮，系统弹出【验证选项】对话框。在该对话框中设置材料形状为【实体】并单击 ⬚ 按钮，系统返回绘图区，然后在绘图区选择实体后按回车键确认。

❸单击【验证】对话框中的 ▶ 按钮，加工模拟结果如图 7-42 所示。

图 7-40　投影曲线的选取　　　图 7-41　投影粗加工刀具路径示意　　图 7-42　刀具路径校验效果

❹在确认加工设置无误后，即可以生成 NC 加工程序了。单击 **G1** 按钮，设置相应的参数、文件名和保存路径后，就可以生成本刀具路径的加工程序。

7.5 流线粗加工

流线粗加工是指依据构成曲面的横向或纵向网格线方向进行加工。由于该方法是顺着曲面的流线方向，且可以控制残留高度（它直接影响加工表面的残留面积，而这正是导致表面粗糙的主要原因），因而可以获得较好的表面加工质量。该方法常用于曲率半径较大曲面或某些复杂且表面质量要求较高的曲面加工。

7.5.1 设置流线粗加工参数

执行【刀具路径】→【曲面粗加工】→【流线加工】命令，系统会依次弹出【选取工件的形状】和【刀具路径的曲面选取】对话框，根据需要设定相应的参数和选择相应的图素后，单击 ✔ 按钮，此时系统会弹出【曲面粗加工流线】对话框，如图 7-43 所示。

图 7-43 【曲面粗加工流线】对话框

该对话框中针对流线加工的参数含义如下：

【切削控制】：刀具在流线方向上切削的进刀量有两种设置方法：一种是在【距离】文本框中直接指定，另一种按照要求的整体误差进行计算。

【执行过切检查】：选中该复选项，系统将检查可能出现的过切现象，并自动调整刀具路径以避免过切。如果刀具路径移动量大于设定的整体误差值，则会用自动提刀的方法避免过切。

【截断方向的控制】：横断方向的控制与切削方向控制类似，只不过它控制的是刀具在垂直于切削方向的切削进刀量，它也有两种方法：一种是直接在【距离】文本框中输入一个指定值，作为横断方向的进刀量，另一种是在【残脊高度】文本框中设置刀具的残脊高度，然后由系统自动计算该方向的进刀量。

【只有单行】：在相邻曲面的一行（而不是一个小区域）的上方创建流线加工刀具路径。

7.5.2 流线粗加工实例

对如图 7-44 所示的模型进行流线粗加工。

光盘\视频教学\第7章\流线粗加工.avi

操作步骤如下：

01 打开加工模型。执行【文件】→【打开文件】命令，打开光盘中文件名为【7.5.2 流线粗加工实例.MCX-7】文件，如图 7-44 所示。

02 选择机床。为了生成刀具路径，首先必须选择一台实现加工的机床，本次加工用系统默认的铣床，即直接执行【机床类型】→【铣床】→【默认】命令即可。

03 工件设置。在操作管理区中，单击【素材设置】选项，系统弹出【机器群组属性】对话框；在该对话框中，选择【立方体】单选项，设置素材原点分量 X、Y、Z 分别为（100、0、7.5），设置立方体长度分量 X、Y、Z 分别为（200、60、23），如图 7-45 所示。最后单击【机器群组属性】对话框中的 ✓ 按钮完成毛坯的参数设置。

04 创建刀具路径。

图 7-44　流线粗加工模型示意　　　　　　图 7-45　工件参数设置

❶选择加工曲面。执行【刀具路径】→【曲面粗加工】→【流线加工】命令或单击刀具管理器的树状结构图空白区域右键快捷菜单中的【铣床刀具路径】→【曲面粗加工】→【曲面流线】选项。

在系统弹出【选取工件形状】对话框中设置曲面的形状为【未定义】，如图 7-46 所示，并单击 ✓ 按钮，

在系统弹出的【输入新 NC 名称】对话框的文本框中输入【7.5.2 流线粗加工实例】，然后单击 ✓ 按钮确定。然后根据系统的提示在绘图区中选择如图 7-47 所示的加工曲面后按 Enter 键，系统弹出【刀具路径的曲面选取】对话框。

❷设置曲面流线参数。单击【刀具路径的曲面选取】对话框中的 ∿ 按钮，系统弹出【流线设置】对话框，如图 7-48 所示。单击该对话框中的【切削方向】按钮，调整曲面

流线如图 7-49 所示，然后单击该对话框中的 ____ ✔ 按钮完成曲面流线的设置。系统返回【刀具路径的曲面选取】对话框，单击该对话框中的 ✔ 按钮确定。

图 7-46　工件形状的设置

图 7-47　加工曲面的选取

图 7-48　曲面流线设置

图 7-49　曲面流线设置示意

❸设置刀具参数。单击【曲面粗加工流线】对话框中的【刀具路径参数】选项卡，进入刀具参数设置区。单击【选择刀库】按钮，选择直径为 10mm 的球刀，并设置相应的刀具参数，具体如下：【进给率】为 500，【主轴转速】为 2000，【下刀速率】为 400，【提刀速率】为 400，如图 7-50 所示。

图 7-50　刀具参数设置

❹设置曲面加工参数。单击【曲面粗加工流线】对话框中的【曲面参数】选项卡，设置如下参数：【提刀速率】为 10，【下刀位置】为 2，加工面【预留量】为 0.2，如图 7-51 所示。

图 7-51　曲面加工参数设置

⑤设置粗加工平行铣削参数。单击【曲面粗加工流线】对话框中的【曲面流线粗加工参数】选项卡，设置如下参数：【整体误差】为 0.1，【环绕高度】为 1.25，【最大 Z 轴进给】为 1.5，勾选【允许沿面下降切削】和【允许沿面上升切削】两个复选框，如图 7-52 所示。

图 7-52　曲面流线粗加工参数设置

设置完后，最后单击【曲面粗加工流线】对话框中的 ✔ 按钮，系统立即在绘图区生成刀具路径，如图 7-53 所示。

05 刀具路径验证、加工仿真与后处理。完成刀具路径设置以后，接下来就可以通过刀具路径模拟来观察刀具路径是否设置合适。单击 🖥 按钮即可对使用相关命令完成工件的加工仿真，图 7-54 所示为加工模拟的效果图。

图 7-53　多曲面五轴加工刀具路径示意

图 7-54　刀具路径校验效果

在确认加工设置无误后，即可以生成 NC 加工程序了。单击 **G1** 按钮，设置相应的参数、文件名和保存路径后，就可以生成本刀具路径的加工程序。

7.6 等高外形粗加工

等高粗加工顾名思义是将毛坯一层一层地切去，将一层外形铣至要求的形状后，再进行 Z 方向的进给，加工下一层，直到最后加工完成。

📖7.6.1 设置等高外形粗加工参数

执行【刀具路径】→【曲面粗加工】→【等高外形加工】命令，系统会弹出【刀具路径的曲面选取】对话框，根据需要设定相应的参数和选择相应的图素后，单击 ✔ 按钮，此时系统会弹出【曲面粗加工等高外形】对话框，如图 7-55 所示。

图 7-55 曲面粗加工等高外形对话框

（1）【封闭式轮廓的方向】：用于设置封闭式轮廓外形加工时，加工方式是顺铣还是逆铣。同时【起始长度】文本框还是可以设置加工封闭式轮廓的下刀时的起始长度。

（2）【开放式轮廓的方向】：加工开放式轮廓时，因为没有封闭，所以加工到边界时刀具就需要转弯以避免在无材料的空间做切削动作，Mastercam 提供了两种动作方式：

1）【单向】：刀具加工到边界后，提刀，快速返回到另一头，再下刀沿着下一条刀具路径进行加工。

2）【双向】：刀具在顺方向和反方向都进行切削，即来回切削。

（3）【两区段间的路径过渡方式】：当要加工的两个曲面相距很近时或一个曲面因某种原因被隔开一个距离时，就需要考虑刀具如何从这个区域过渡到另一个区域。【两区段间的路径过渡方式】选项就是用于设置当刀具移动量小于设定的间隙时，刀具如何从一条路径过渡到另一条路径上。Mastercam 提供了 4 种过渡方式：

1）【高速回圈】：是指刀具以平滑的方式从一条路径过渡到另一条路径上。

2）【打断】：将移动距离分成 Z 方向和 XY 方向两部分来移动，亦即刀具从间隙一边的刀具路径的终点在 Z 方向上上升或下降到间隙另一边的刀具路径的起点高度，然后再从 XY 平面内移动到所处的位置

3）【斜插】：它是将刀以直线的方式从一条路径过渡到另一条路径上。

4）【沿着曲面】：它是指刀具根据曲面的外形变化趋势，从一条路径过渡到另一条路径上。

当选择高速回圈或斜降过渡方式，则【回圈长度】或【斜插长度】文本框被激活，具体含义可参考对话框中红线标识。

（4）【螺旋下刀】：该功能可以实现螺旋下刀功能，选中【螺旋式下刀】前的复选并单击其按钮，系统弹出【螺旋下刀参数】对话框，如图 7-56 所示。

选中【以圆弧进给】复选项，则进刀时的刀具路径虽为螺旋线，但按照圆弧指令（G02、G03）输出圆弧刀具路径。否则按【公差】文本框中的值采用直线指令（G01）输入刀具路径，公差值决定了采用直线拟合和理想螺旋线的逼近程度，其值越小则越逼近。

（5）【浅平面加工】：浅平面是指曲面上的较为平坦的部分。单击【浅平面加工】按钮，系统弹出【浅平面加工设置】对话框，如图 7-57 所示，利用该对话框可以在登高外形加工中增加或去除浅平面刀具路径，从而保证曲面上浅平面的加工质量。

图 7-56　【螺旋下刀参数】对话框　　　　图 7-57　【浅平面加工】设置对话框

【移出浅平区域的刀具路径】：复选此项，系统去除曲面浅区域中的道路。

【增加浅平区域的刀具路径】：复选此项，系统将根据设置在曲面浅区域中增加道路。

【分层铣深的最小切削深度】：该输入框中设置限制刀具 Z 向移动的最小值。

【加工角度的极限】：在此输入框中定义曲面浅区域的角度（默认值 45 度）。系统去除或增加从 0 度到该设定角度之间曲面浅区域中的刀路。

【步进量的极限】：该输入框中的值在向曲面浅区域增加道路时，作为刀具的最小进刀量；去除曲面浅区域的刀路时，作为刀具的最大进刀量。如果输入 0，曲面的所有区域都被视为曲面浅区域，此值与加工角度极限相关联，二者设置一个即可。

【允许局部切削】：该复选框与【移出浅平区域的刀具路径】和【增加浅平区域的刀具路径】复选框配合使用。复选此项，则在曲面浅区域中增加刀路时，不产生封闭的等 Z 值切削。不选此复选项，曲面浅区域中增加道路时，可产生封闭的等 Z 值切削。

（6）【平面区域】：单击【平面区域】按钮，系统弹出【平面区域加工设置】对话框，如图 7-58 所示。选择 3D 方式时，则切削间距为刀具路径在二维平面的投影。

（7）【螺旋限制】：螺旋限制功能可以将一系列的等高切削转换为螺旋斜坡切削，从而消除切削层之间移动带来的刀痕，对于徒斜壁加工效果尤为明显。

图 7-58　【平面区域加工设置】对话框

📖 7.6.2　等高外形粗加工实例

对如图 7-59 所示的模型进行等高外形粗加工。

光盘\视频教学\第7章\等高外形粗加工.avi

操作步骤如下：

01 打开加工模型。执行【文件】→【打开文件】命令，打开光盘中文件名为【7.6.2
等高外形粗加工实例.MCX-7】文件，如图 7-59 所示。

02 选择机床。为了生成刀具路径，首先必须选择一台实现加工的机床，本次加工
用系统默认的铣床，即直接执行【机床类型】→【铣床】→【默认】命令即可。

03 工件设置。在操作管理区中，单击【素材设置】选项，系统弹出【机器群组属
性】对话框；在该对话框中，选择【立方体】单选项，设置素材原点分量 X、Y、Z 分别为
（0、0、0），设置立方体长度分量 X、Y、Z 分别为（95、80、33），如图 7-60 所示。最后
单击【机器群组属性】对话框中的 ✔ 按钮完成毛坯的参数设置。

04 创建刀具路径。

❶ 选择加工曲面。执行【刀具路径】→【曲面粗加工】→【等高外形加工】命令或单
击刀具管理器的树状结构图空白区域右键快捷菜单中的【铣床刀具路径】→【曲面粗加工】
→【外形】选项。

在系统弹出的【输入新的 NC 名称】对话框的文本框中输入【7.6.2　等高外形粗加工
实例】，然后单击 ✔ 按钮确定。

根据系统的提示在绘图区中选择如图 7-61 的加工曲面后按 Enter 键，系统弹出【刀具
路径的曲面选取】对话框，最后单击该对话框中的 ✔ 按钮完成加工曲面的选取。

❷ 设置刀具参数。单击【曲面粗加工等高外形】对话框中的【刀具路径参数】选项卡，
进入刀具参数设置区。单击【选择刀库】按钮，选择直径为 10mm 的球刀，并设置相应的刀
具参数，具体如下：【进给率】为 500，【主轴转速】为 2000，【下刀速率】为 400，【提
刀速率】为 400，如图 7-62 所示。

❸ 设置曲面加工参数。单击【曲面粗加工等高外形】对话框中的【曲面参数】选项卡，
设置如下参数：【提刀速率】为 10，【下刀位置】为 3，加工面【预留量】为 0.5，如图
7-63 所示。

图 7-59　等高外形粗加工模型示意

图 7-60　工件参数设置

图 7-61　加工曲面的选取

图 7-62　刀具参数设置

图 7-63　曲面加工参数设置

❹设置曲面粗加工等高外形参数。单击【曲面粗加工等高外形】对话框中的【等高外形粗加工参数】选项卡，设置如下参数：【整体误差】为 0.1，　【Z 轴最大进给量】为 3，如图 7-64 所示。

图 7-64　粗加工平行铣削参数设置

设置完后，最后单击【曲面粗加工等高外形】对话框中的 ✔ 按钮，系统立即在绘图区生成刀具路径，如图 7-65 所示。

05 刀具路径验证、加工仿真与后处理。完成刀具路径设置以后，接下来就可以通过刀具路径模拟来观察刀具路径是否设置合适。单击 🧊 按钮即可对使用相关命令完成工件的加工仿真，图 7-66 所示为加工模拟的效果图。

在确认加工设置无误后，即可以生成 NC 加工程序了。单击 **G1** 按钮，设置相应的参数、文件名和保存路径后，就可以生成本刀具路径的加工程序。

图 7-65　多曲面五轴加工刀具路径示意

图 7-66　刀具路径校验效果

7.7　残料粗加工

一般在粗加工后，往往会留下一些没有加工到的地方，对这些地点的加工被称作残料加工。

7.7.1　设置残料粗加工参数

执行【刀具路径】→【曲面粗加工】→【粗加工残料加工】命令，系统会弹出【刀具路径的曲面选取】对话框，根据需要设定相应的参数和选择相应的图素后，单击 ✔ 按钮，此时系统会弹出【曲面残料粗加工】对话框。除了定义残料粗加工特有参数外，还需通过如图 7-67 所示的【剩余材料参数】选项卡来定义残余材料参数。

图 7-67 【曲面残料粗加工】对话框

（1）【剩余材料的计算是来自】该选项用于设置计算残料粗加工中需清除的材料的方式，Mastercam 提高了 4 种计算残余材料的方法：

1）【所有先前的操作】：将前面各加工模组不能切削的区域作为残料粗加工需切削的区域。

2）【另一个操作】：将某一个加工模组不能切削的区域作为残料粗加工需切削的区域。

3）【自设的粗加工刀具路径】：根据刀具直径和刀角半径来计算出残料粗加工需切削的区域。

4）【STL 文件】：使用该选项，用户可以指定一个 STL 文件作为残余材料的计算来源。同时材料的解析度还可以设置残料粗加工的误差值。

（2）剩余材料的调整：该选项用于放大或缩小定义的残料粗加工区域。包括以下 3 种方式。

1）【直接使用剩余材料的范围】：不改变定义的残料粗加工区域。

2）【减小剩余材料的范围】：允许残余小的尖角材料通过后面的精加工来清除，这种方式可以提高加工速度。

3）【增加剩余材料的范围】：在残料粗加工中需清除小的尖角材料。

7.7.2 残料粗加工实例

对如图 7-68 所示的模型进行残料粗加工。

图 7-68 残料粗加工模型示意

光盘\视频教学\第7章\残料粗加工.avi

操作步骤如下：

01 打开加工模型。执行【文件】→【打开文件】命令，打开光盘中文件名为【7.7.2 残料粗加工实例.MCX-7】文件，如图7-68所示。

02 创建刀具路径。

❶选择加工曲面。执行【刀具路径】→【曲面粗加工】→【粗加工残料加工】命令或单击刀具管理器的树状结构图空白区域右键快捷菜单中的【铣床刀具路径】→【曲面粗加工】→【残料加工】选项。

根据系统的提示在绘图区中窗选如图7-69所示的加工曲面后按Enter键，系统弹出【刀具路径的曲面选取】对话框；单击该对话框【Containment boundary】栏中的 ↳ 按钮，然后根据系统的提示在绘图区中选取如图7-70所示的串联图素并按Enter键，系统返回【刀具路径的曲面选取】对话框，最后单击该对话框中的 ✓ 按钮完成加工曲面的选取。

图7-69 加工曲面的选取

图7-70 设置切削范围

❷设置刀具参数。单击【曲面残料粗加工】对话框中的【刀具路径参数】选项卡，进入刀具参数设置区。单击【选择刀库】按钮，选择直径为10mm的平底刀，并设置相应的刀具参数，具体如下：【进给率】为500，【主轴转速】为2000，【下刀速率】为400，【提刀速率】为400，如图7-71所示。

❸设置曲面加工参数。单击【曲面残料粗加工】对话框中的【曲面参数】选项卡，设置如下参数：【提刀速率】为10，【下刀位置】为3，加工面【预留量】为0，如图7-72所示。

❹设置残料加工参数。单击【曲面残料粗加工】对话框中的【残料加工参数】选项卡，设置如下参数：【整体误差】为0.05，【最大Z轴进给】为2，勾选【切削顺序最佳化】和【减少插刀情形】两个复选框，如图7-73所示。

设置完后，最后单击【曲面残料粗加工】对话框中的 ✓ 按钮，系统立即在绘图区生成刀具路径，如图7-74所示。

03 刀具路径验证、加工仿真与后处理。

完成刀具路径设置以后，接下来就可以通过刀具路径模拟来观察刀具路径是否设置合适。单击 按钮即可对使用相关命令完成工件的加工仿真，图 7-75 所示为加工模拟的效果图。

图 7-71　刀具参数设置

图 7-72　曲面加工参数设置

图 7-73　残料加工参数设置

在确认加工设置无误后，即可以生成 NC 加工程序了。单击 **G1** 按钮，设置相应的参数、文件名和保存路径后，就可以生成本刀具路径的加工程序。

图 7-74　多曲面五轴加工刀具路径示意　　　　图 7-75　刀具路径校验效果

7.8　挖槽粗加工

挖槽加工可以根据曲面的形态（凸面或凹面）自动选取不同的刀具运动轨迹来去除材料，如图 7-76 所示。它主要用来对凹槽曲面进行加工，加工质量不太高，如果是加工凸面，还需要创建一个切削的边界。

图 7-76　挖槽粗加工示意

7.8.1　设置挖槽粗加工参数

执行【刀具路径】→【曲面粗加工】→【粗加工挖槽加工】命令，系统会弹出【刀具路径的曲面选取】对话框，根据需要设定相应的参数和选择相应的图素后，单击 ✔ 按钮，此时系统会弹出【曲面粗加工挖槽】对话框，如图 7-77 所示，该对话框的内容和二维挖槽参数基本相同，所增加的几个参数在前面也已经进行了介绍，读者可以参考相关的内容。

图 7-77　曲面粗加工挖槽对话框

【进刀选项】：此项是用来设置刀具的进刀方式，分别如下：

1）【指定进刀点】：系统在加工曲面前，以指定的点作为切入点。

2）【由切削范围外下刀】：选择此项，刀具将从指定边界以外下刀。

3）【下刀位置针对起始孔排序】：表示下刀位置会跟随起始孔排序而定位。

【铣平面】：复选此项，将根据图7-78所示对话框中设置的参数加工平面，此对话框中的参数读者可以设置不同的参数，通过模拟来理解它们的意义。

图7-78 【平面铣削加工参数】对话框

单击【曲面粗加工挖槽】对话框中的【挖槽参数】选项卡，系统切换到【挖槽参数】对话框，如图7-79所示。

对话框中的部分参数说明如下：

【切削方式】：系统为挖槽粗加工提供了8种走刀方式，选择任意一种对话框中相应的参数就会被激活。例如选择【双向】则对话框中的【粗切角度】输入栏就会被激活，用户可以输入角度值，此值代表切削方向与X向的角度。对话框中其他参数都比较直观，前面已有介绍。

图7-79 【挖槽参数】对话框

7.8.2 挖槽粗加工实例

对如图7-80所示的模型进行挖槽粗加工。

光盘\视频教学\第7章\挖槽粗加工.avi

操作步骤如下：

01 打开加工模型。执行【文件】→【打开文件】命令，打开光盘中文件名为【7.8.2挖槽粗加工实例.MCX-7】文件，如图7-80所示。

图 7-80　挖槽粗加工模型示意

02 选择机床。为了生成刀具路径，首先必须选择一台实现加工的机床，本次加工用系统默认的铣床，即直接执行【机床类型】→【铣床】→【默认】命令即可。

03 工件设置。在操作管理区中，单击【素材设置】选项，系统弹出【机器群组属性】对话框；在该对话框中，设置工件材料的形状为【立方体】单选项，设置素材原点分量 X、Y、Z 分别为（55、41、43），设置矩形长度分量 X、Y、Z 分别为（110、82、43），如图 7-81 所示。最后单击【机器群组属性】对话框中的 ✔ 按钮完成毛坯的参数设置。

04 创建刀具路径。

❶选择加工曲面。执行【刀具路径】→【曲面粗加工】→【粗加工挖槽加工】命令或单击刀具管理器的树状结构图空白区域右键快捷菜单中的【铣床刀具路径】→【曲面粗加工】→【2D 挖槽】选项，系统弹出【输入新 NC 名称】对话框，在该对话框的文本框中输入【7.8.2　挖槽粗加工实例】，如图 7-82 所示，然后单击 ✔ 按钮确定。

图 7-81　工件参数设置

图 7-82　NC 名称设置

　　根据系统的提示在绘图区中选择如图 7-83 所示的加工曲面后按 Enter 键，系统弹出【刀具路径的曲面选取】对话框，最后单击该对话框中的 ✔ 按钮完成加工曲面的选取。

❷设置刀具参数。单击【曲面粗加工挖槽】对话框中的【刀具路径参数】选项卡，进

入刀具参数设置区。单击【选择刀库】按钮，选择直径为 15mm 的平底刀，并设置相应的刀具参数，具体如下：【进给率】为 800，【主轴转速】为 1500，【下刀速率】为 500，【提刀速率】为 500，如图 7-84 所示。

图 7-83　加工曲面的选取

图 7-84　刀具参数设置

❸设置曲面加工参数。单击【曲面粗加工挖槽】对话框中的【曲面参数】选项卡，设置如下参数：【提刀速率】为 10，【下刀位置】为 3，加工面【预留量】为 0.5，如图 7-85 所示。

图 7-85　曲面加工参数设置

❹设置粗加工参数。单击【曲面粗加工挖槽】对话框中的【粗加工参数】选项卡，设置如下参数：【整体误差】为 0.01，【进刀选项】为【螺旋式下刀】，【Z 轴最大进给量】为 1，如图 7-86 所示。

❺设置挖槽参数。单击【曲面粗加工挖槽】对话框中的【挖槽参数】选项卡，设置如下参数：【切削方式】为【双向】，勾选【精加工】复选框，如图 7-87 所示。

设置完后，最后单击【曲面粗加工挖槽】对话框中的 ✓ 按钮，系统立即在绘图区生成刀具路径，如图 7-88 所示。

05 刀具路径验证、加工仿真与后处理。完成刀具路径设置以后，接下来就可以通过刀具路径模拟来观察刀具路径是否设置合适。单击 🔧 按钮即可对使用相关命令完成工件的加工仿真，图 7-89 所示为加工模拟的效果图

图 7-86　粗加工参数设置

图 7-87　挖槽参数设置

在确认加工设置无误后，即可以生成 NC 加工程序了。单击 **G1** 按钮，设置相应的参数、文件名和保存路径后，就可以生成本刀具路径的加工程序。

图 7-88　多曲面五轴加工刀具路径示意

图 7-89　刀具路径校验效果

7.9　降速钻削式加工

如果选择的坯料是块料，且与零件的形状相差较大时，意味着要去掉很多的材料，为此可以考虑用刀具连续在毛坯上采用类似钻孔的方式来去除材料。这种方法的加工的特点就是速度快，但并不是所有的机床都支持，因为它对刀具和机床的要求也比较高。

7.9.1　设置降速钻削式加工参数

执行【刀具路径】→【曲面粗加工】→【粗加工钻削式加工】命令，选取加工曲面之后，系统弹出【刀具路径的曲面选取】对话框，根据需要设定相应的参数和选择相应的图素后，单击 ✓ 按钮，此时系统会弹出【曲面粗加工钻削式】对话框，如图 7-90 所示。这里对【下刀路径】解释如下：

1)【NCI】：是指用其他加工方法产生的 NCI 文件（如挖槽加工，其中已有刀具的运动轨迹记录）来获取钻削式加工的刀具路径轨迹。值得注意的是，必须针对同一个表面或同一个区域的加工才行。

图 7-90　曲面粗加工钻削式对话框

2)【双向】：刀具的下降深度由要加工的曲面控制，在顺着加工区域的形状来回往复运动，刀具在水平方向进给距离由用户在【最大步进量】文本框中指定。

7.9.2　降速钻削式加工实例

对如图 7-91 所示的模型进行降速钻削加工。

光盘\视频教学\第7章\降速钻削加工.avi

操作步骤如下：

01 打开加工模型。执行【文件】→【打开文件】命令，打开光盘中文件名为【7.9.2降速钻削式加工实例.MCX-7】文件，如图 7-91 所示。

02 选择机床。为了生成刀具路径，首先必须选择一台实现加工的机床，本次加工用系统默认的铣床，即直接执行【机床类型】→【铣床】→【默认】命令即可。

03 工件设置。在操作管理区中，单击【材料设置】选项，系统弹出【机器群组属性】对话框；在该对话框中，设置工件材料的形状为【立方体】单选项，设置素材原点分量 X、Y、Z 分别为（0、0、0），设置立方体长度分量 X、Y、Z 分别为（70、70、58），如图 7-92 所示。最后单击【机器群组属性】对话框中的 ✓ 按钮完成毛坯的参数设置。

图 7-91　降速钻削加工模型示意

图 7-92　工件参数设置

04 创建刀具路径。

❶选择加工曲面。执行【刀具路径】→【曲面粗加工】→【粗加工钻削式加工】命令或单击刀具管理器的树状结构图空白区域右键快捷菜单中的【铣床刀具路径】→【曲面粗加工】→【钻削式】选项，系统弹出【输入新的 NC 名称】对话框，在该对话框中输入【7.9.2 降速钻削式加工实例】，然后单击 ✓ 按钮确定。

根据系统的提示在绘图区中选择如图 7-93 所示的加工曲面后按 Enter 键，系统弹出【刀具路径的曲面选取】对话框，最后单击该对话框中的 ✓ 按钮完成加工曲面的选取。

❷设置刀具参数。单击【曲面粗加工钻削式】对话框中的【刀具路径参数】选项卡，进入刀具参数设置区。单击【选择刀库】按钮，选择直径为 10mm 的钻孔刀，并设置相应的刀具参数，具体如下：【进给率】为 400，【主轴转速】为 2000，【下刀速率】为 300，【提刀速率】为 300，如图 7-94 所示。

窗选加工曲面

图 7-93　加工曲面的选取

图 7-94　刀具参数设置

❸设置曲面加工参数。单击【曲面粗加工钻削式】对话框中的【曲面参数】选项卡，设置如下参数：【提刀速率】为 20，【下刀位置】为 3，【加工面预留量】为 0.5，如图 7-95 所示。

图 7-95　曲面加工参数设置

❹设置钻削式粗加工参数。单击【曲面粗加工钻削式】对话框中的【钻削式粗加工参数】选项卡，设置如下参数：【整体误差】为 0.05，【最大 Z 轴进给量】为 5，【下刀路径】为【双向】，【最大步进量】为 5，如图 7-96 所示。

设置完后，最后单击【曲面粗加工钻削式】对话框中的 ✓ 按钮，根据系统的提示在绘图区中选择如图 7-97 所示的 P1、P2 两点后，系统在绘图区如图 7-98 所示的刀具路径。

图 7-96　钻削式粗加工参数设置

图 7-97　钻削范围设置

图 7-98　多曲面五轴加工刀具路径示意

图 7-99　刀具路径校验效果

05 刀具路径验证、加工仿真与后处理。完成刀具路径设置以后，接下来就可以通过刀具路径模拟来观察刀具路径是否设置合适。单击 🖱 按钮即可对使用相关命令完成工件的加工仿真，图 7-99 所示为加工模拟的效果图。

在确认加工设置无误后，即可以生成 NC 加工程序了。单击 **G1** 按钮，设置相应的参数、文件名和保存路径后，就可以生成本刀具路径的加工程序。

7.10 三维粗加工综合应用

本节将以实例来说明以上所讲的三维粗加工相互之间进行混用，在 8 种粗加工中，实际常用的也只有两三种，其他几种很少用，常用的几种基本上能满足实际的需要。

对如图 7-100 所示的图形进行开粗加工，加工结果如图 7-101 所示。

图 7-100　加工图形　　　　　　　　　　　　图 7-101　加工结果

 光盘\视频教学\第7章\降速钻削加工.avi

操作步骤如下：

📖7.10.1　规划刀具路径

此例是笔记本电脑电源插头，通过分析可知，倒圆角曲面最小圆角半径为 R=5mm，因此本例可以先用大刀开粗，再用小刀二次开粗即可。具体加工方案如下：

1）用 D20R5 的圆鼻刀采用挖槽粗加工开粗。
2）用 D8 的球刀采用等高外形粗加工进行二次开粗。
3）用 D8 的平底刀采用挖槽粗加工铣削平面。

📖7.10.2　刀具路径编制步骤

由于此图档系统坐标系与编程坐标系不一致，为了方便编程，所以先对其进行处理。步骤如下：

01 执行【文件】→【打开文件】命令，打开光盘中文件名为【7.10　三维粗加工综合应用.MCX-7】文件，单击【确定】按钮 ☑ 完成文件的调取。

02 执行【绘图】→【边界盒】命令，创建曲面最大外围线框。如图 7-102 所示。

03 执行【绘图】→【线】→【绘制任意线】命令，选取边界盒顶面对角点。如图 7-103 所示。

04 执行【转换】→【移动到原点】命令，选中刚才对角线的中点，系统自动将中点移动到起点。这样编程坐标系原点和系统坐标系原点重合，便于编程。结果如图 7-104 所示。

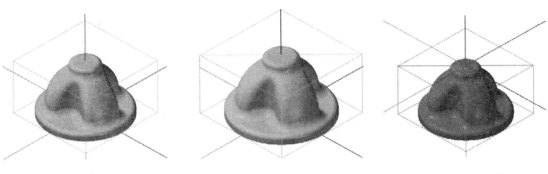

图 7-102　创建边界盒　　　　图 7-103　绘制对角　　　　图 7-104　平移结果

将顶面中心平移到系统坐标系原点后，编程坐标系即和系统坐标系重合。接下来便可以进行刀具路径编制。

01 用 D20R5 的圆鼻刀采用挖槽粗加工开粗。

下面将进行首次开粗，首次开粗采用挖槽刀具路径。其编制步骤如下：

❶执行【刀具路径】→【曲面粗加工】→【粗加工挖槽加工】命令，选择加工曲面后，单击目标选择栏中的【结束选择】按钮 ，弹出【刀具路径的曲面选取】对话框，选择 Containment boundary，如图 7-105 所示，单击【确定】按钮 完成曲面和加工范围线的选择。

❷系统弹出【曲面粗加工挖槽】对话框，在【曲面粗加工挖槽】对话框单击【刀具路径参数】选项卡，弹出对话框如图 7-106 所示。

图 7-105　选取的曲面　　　　　　　图 7-106　刀具参数

❸在【曲面粗加工挖槽】对话框中单击【选择刀库】按钮，在弹出的【选择刀具】选项框中选择直径为 20 的圆鼻刀，然后双击刀具图标系统弹出【定义刀具】对话框，选择【类型】，弹出【定义刀具】对话框如图 7-107 所示。

❹在【类型】对话框中选择【圆鼻刀】，系统弹出【定义刀具】对话框，如图 7-108 所示。单击【确定】完成刀具参数设置。

❺在【刀具参数】对话框中即创建了 D20R5 圆鼻刀。设置【进给率】为 600，【主轴转速】为 3000，【下刀速率】为 800，【提刀速率】为 1000，如图 7-109 所示。

图 7-107 【定义刀具】对话框

图 7-108 定义刀具参数

❻在【曲面粗加工挖槽】对话框中单击【曲面参数】选项卡，弹出【曲面参数】对话框，设置【提刀速率】为 25，【下刀位置】为 5，加工面【预留量】为 0.5。如图 7-110 所示。

❼在【曲面粗加工挖槽】对话框中单击【粗加工参数】选项卡，弹出【粗加工参数】对

话框，该对话框用来设置曲面粗加工挖槽铣削加工参数。【整体误差】为 0.025，【Z 轴最大进给量】为 1，【进刀选项】选择【由切削范围外下刀】，如图 7-111 所示。

图 7-109　设置切削参数

图 7-110　设置曲面加工参数

图 7-111　挖槽加工参数

❽在【曲面粗加工挖槽】对话框中单击【挖槽参数】选项卡，弹出【挖槽参数】对话框，

该对话框用来设置曲面粗加工挖槽专用参数。将【切削方式】设为【等距环切】,【切削间距】(距离)设为 6,并勾选【精车】选项卡,如图 7-112 所示。

❾系统根据所设参数生成曲面粗加工挖槽铣削刀具路径,如图 7-113 所示。

图 7-112　挖槽参数　　　　　　　　　　　　　图 7-113　生成刀具路径

02 用 D8 的球刀采用等高外形粗加工进行二次开粗。

接下来将进行二次开粗,采用等高外形加工,其刀具路径编制步骤如下:

❶执行【刀具路径】→【曲面粗加工】→【等高外形加工】命令,选择加工曲面后,单击目标选择栏中的【结束选择】按钮,弹出【刀具路径的曲面选取】对话框,单击【确定】按钮,完成曲面的选择。

❷系统弹出【曲面粗加工等高外形】对话框,在该对话框中单击【刀具路径参数】选项卡,弹出【刀具路径参数】对话框如图 7-114 所示。

图 7-114　刀具参数设置

❸在【曲面粗加工等高外形】对话框中单击【选择刀库】按钮,在弹出的【选择刀具】选项框中选择直径为 8 的球刀,然后双击刀具图标系统弹出【定义刀具】对话框,选择【类型】弹出定义道具类型对话框,如图 7-115 所示。

❹在【类型】对话框中选取【球刀】,系统弹出【定义刀具】对话框,如图 7-116 所示。

单击【确定】完成刀具路径参数设置。

❺在【刀具路径参数】对话框中即创建了 D8 球刀。设置【进给率】为 600，【下刀速率】为 400，【提刀速率】为 1000，【主轴转速】为 3000，如图 7-117 所示。

❻在【曲面粗加工等高外形】对话框中单击【曲面参数】选项卡，弹出【曲面参数】对话框，设置【提刀速率】为 25，【下刀位置】为 5，加工面【预留量】为 0，【刀具切削范围】设为【外】，如图 7-118 所示。

❼在【曲面粗加工等高外形】对话框中单击【等高外形粗加工参数】选项卡，弹出【等高外形粗加工参数】对话框，该对话框用来设置曲面粗加工等高铣削加工参数。切削方式设为【双向】，【Z 轴最大进给量】设为 0.4，【进/退刀】设为直线进刀，将【浅平面加工】前的复选框选中，如图 7-119 所示。

图 7-115　定义刀具类型

图 7-116　定义刀具参数

图 7-117 设置切削参数

图 7-118 设置曲面加工参数

❽在【等高外形粗加工参数】对话框中单击【浅平面加工】按钮 [浅平面加工(S)]，弹出【浅平面加工】对话框如图 7-120 所示。

将类型设为【移除浅平区域的刀具路径】，将【加工角度的极限】设为 10，即所有夹角小于 10°的曲面被认为是浅平面，系统都移除刀具路径不予加工。

图 7-119 等高加工参数

❾系统根据所设参数生成曲面粗加工等高铣削刀具路径如图 7-121 所示。

图 7-120　移除浅平面刀具路径

图 7-121　生成刀具路径图

03 用 D8 的平刀采用挖槽平面加工铣削平面。

接下来将对工件平面区域进行加工，采用挖槽平面加工功能进行铣削。其加工步骤如下：

❶执行【刀具路径】→【曲面粗加工】→【粗加工挖槽加工】命令，选择加工曲面，单击目标选择栏中的【结束选择】按钮🔘，弹出【刀具路径的曲面选取】对话框，选择 Containment boundary，如图 7-122 所示，单击【确定】按钮✅完成曲面和加工范围线的选择。

❷系统弹出【曲面粗加工挖槽】对话框，在该对话框中单击【刀具路径参数】选项卡，弹出【刀具路径参数】对话框如图 7-123 所示。

图 7-122　选取的曲面

图 7-123　刀具路径参数设置

❸在【曲面粗加工挖槽】对话框中单击【选择刀库】按钮，在弹出的【选择刀具】选项框中选择直径为 8 的平底刀，然后双击刀具图标系统弹出【定义刀具】对话框，选择【类型】弹出【定义刀具】对话框如图 7-124 所示。

❹在【类型】对话框中选取【平底刀】，系统弹出【定义刀具】对话框，如图 7-125 所示。单击【确定】按钮完成刀具参数设置。

❺在【刀具路径参数】对话框中即创建了 D8 平刀。设置【进给率】为 800，【下刀速率】为 400，【提刀速率】为 1000，【主轴转速】为 3000，如图 7-126 所示。

图 7-124　定义刀具类型　　　　　　　　　　图 7-125　定义刀具参数

❻在【曲面粗加工挖槽】对话框中单击【曲面参数】选项卡，弹出【曲面参数】对话框，设置【提刀速率】为 25，【下刀位置】为 5，【加工面预留量】为 0，如图 7-127 所示。

❼在【曲面粗加工挖槽】对话框中单击【粗加工参数】选项卡，弹出【粗加工参数】对话框，该对话框用来设置曲面粗加工挖槽铣削加工参数。【Z 轴最大进给量】设为 1，采用【由切削范围外下刀】。并将【铣平面】按钮前复选框选中，如图 7-128 所示。

❽在【粗加工参数】对话框中单击【铣平面】按钮，弹出【平面铣削加工参数】对话框如图 7-129 所示。

图 7-126　设置切削参数

❾在【曲面粗加工挖槽】对话框中单击【挖槽参数】选项卡，弹出【挖槽参数】对话框，该对话框用来设置曲面粗加工挖槽专用参数。将【切削方式】设为【等距环切】，切削间距（距离）设为 4，并勾选【精车】选项卡，如图 7-130 所示。

❿系统根据所设参数生成曲面粗加工挖槽铣削刀具路径，如图 7-131 所示。

图 7-127　设置曲面加工参数

图 7-128　挖槽加工参数

图 7-129　平面加工参数

7.10.3　模拟加工

刀具路径编制完后，需要进行模拟检查刀具路径，如果无误即执行后处理生成 G、M 标准代码。其步骤如下：

图 7-130　挖槽参数

图 7-131　生成刀具路径

01 在刀具路径管理器中单击【属性】→【素材设置】命令，弹出【材料设置】对话

261

框，该对话框用来设置工件参数。在【形状】设置栏选取【立方体】复选框，如图 7-132 所示。

图 7-132　选取矩形为毛坯

02 设置工件大小为 110×110×70。单击确定按钮 ✓，完成工件参数设置。生成的毛坯如图 7-133 所示。

03 在刀具管理器中单击【验证已选择的操作】按钮 ，在【验证】对话框中单击【机床】按钮 ▶，系统进行模拟，模拟结果如图 7-134 所示。

图 7-133　毛坯

图 7-134　模拟结果

04 模拟检查无误后，在刀具管理器中单击【后处理已选择的操作】按钮 **G1**，生成 G、M 代码如图 7-135 所示。

图 7-135　生成 G、M 代码

7.11　思考与练习

1. Mastercam X7 软件提供哪些粗加工方法？
3. Mastercam X7 软件提供哪些精加工方法？
3. 曲面加工公用参数设置包含哪些选项？
4. 曲面粗/精加工平行式铣削的加工角度是如何计算的。

第 **8** 章

曲面精加工

学 习 要 点

- ◎ 三维精加工
- ◎ 平行铣削精加工
- ◎ 陡斜面精加工
- ◎ 放射精加工
- ◎ 投影精加工
- ◎ 流线精加工
- ◎ 等高外形精加工
- ◎ 浅平面精加工
- ◎ 交线清角精加工
- ◎ 残料清角精加工
- ◎ 环绕等距精加工
- ◎ 熔接精加工

8.1 三维精加工

在实际过程中，大多数零件都需要通过粗加工和精加工来完成。与粗加工不同的是，精加工的目的则是获取最终的加工面，因此加工质量是精加工首要考虑的问题。

Mastercam 不仅提供了强大的三维加工支持，同时也提供了 11 种精加工方法，本章将对各种精加工方法进行详细介绍。

8.2 平行铣削精加工

精加工平行铣削可以生成某一特定角度的平行切削精加工刀具路径，一般与粗加工刀具路径成 90 度的精加工路径要好，因为这样可以很好地去除粗加工留下的刀痕。

📖 8.2.1 设置平行铣削精加工参数

执行【刀具路径】→【曲面精加工】→【精加工平行铣削】命令，系统会弹出【刀具路径的曲面选取】对话框，根据需要设定相应的参数和选择相应的图素后，单击 ✔ 按钮，此时系统会弹出【曲面精加工平行铣削】对话框，如图 8-1 所示。该对话框和平行铣削粗加工基本类似，只是少了一些项目而已。下面对精加工相关的设置进行介绍。

【整体误差】：在精加工阶段，往往需要把公差值设定得更低，并且采用能获得更好加工效果的切削方式。

【加工方式角度】：在加工角度的选择上，可以与粗加工时的角度不同，如设置成 90°，这样可与粗加工时产生的刀痕形成交叉形刀路，从而减少粗加工的刀痕，以获得更好的加工表面质量。

【限定深度】：该选项用来设置在深度方向上的加工范围。勾选【限定深度】复选框并单击其按钮，系统弹出【限定深度】对话框，如图 8-2 所示，框中的深度值应均为绝对值。

图 8-1 【曲面精加工平行铣削】对话框

图 8-2 【限定深度】对话框

8.2.2 平行铣削精加工实例

对如图 8-3 所示的模型进行平行铣削精加工。

> 参见
> 光盘　　光盘\视频教学\第8章\平行铣削精加工.avi

操作步骤如下：

01 打开加工模型。执行【文件】→【打开文件】命令，打开光盘中初始文件中名为【8.2.2　平行铣削精加工实例.MCX-7】文件，如图 8-3 所示。

02 创建刀具路径。

❶选择加工曲面。执行【刀具路径】→【曲面精加工】→【精加工平行铣削】命令或单击刀具管理器的树状结构图空白区域右键快捷菜单中的【铣床刀具路径】→【曲面精加工】→【平行铣削】选项。在系统弹出的【输入新的 NC 名称】对话框的文本框中输入【8.2.2平行铣削精加工实例】，然后单击 ✓ 按钮确定。根据系统的提示在绘图区中选择如图 8-4所示的加工曲面后按 Enter 键，系统弹出【刀具路径的曲面选取】对话框，最后单击该对话框中的 ✓ 按钮完成加工曲面的选取。

图 8-3　平行铣削精加工模型

加工曲面

图 8-4　加工曲面的选取

❷设置刀具参数。单击【曲面精加工平行铣削】对话框中的【刀具路径参数】选项卡，进入刀具参数设置区。单击【选择刀库】按钮，选择直径为 5mm 的球刀，并设置相应的刀具参数，具体如下：【进给率】为 400，【主轴转速】为 2500，【下刀速率】为 300，【提刀速率】为 300，如图 8-5 所示。

❸设置曲面加工参数。单击【曲面精加工平行铣削】对话框中的【曲面参数】选项卡，设置如下参数：【安全高度】为 25，【提刀速率】为 10，【下刀位置】为 3，加工面【预留量】为 0，如图 8-6 所示。

❹设置精加工平行铣削参数。单击【曲面精加工平行铣削】对话框中的【精加工平行铣削参数】选项卡，设置如下参数：【整体误差】为 0.01，【最大切削间距】为 0.8，如图8-7 所示。

设置完后单击【曲面精加工平行铣削】对话框中的 ✓ 按钮，系统立即在绘图区生成刀具路径，如图 8-8 所示。

03 刀具路径验证、加工仿真与后处理。完成刀具路径设置以后，接下来就可以通过刀具路径模拟来观察刀具路径是否设置合适。单击 按钮即可对使用相关命令完成工件的加工仿真，图 8-9 所示为加工模拟的效果图。

图 8-5　刀具参数设置

图 8-6　曲面加工参数设置

图 8-7　精加工平行铣削参数设置

在确认加工设置无误后，即可以生成 NC 加工程序了。单击 **G1** 按钮，设置相应的参数、文件名和保存路径后，就可以生成本刀具路径的加工程序。

图 8-8　多曲面五轴加工刀具路径示意　　　　图 8-9　刀具路径校验效果

8.3　陡斜面精加工

受刀具切削间距的限制，平坦的曲面上刀具路径密，而陡斜面（指接近垂直的面，包括垂直面）上的刀具路径要稀一些，从而容易导致有较多余料。它是用于清除粗加工时残留在曲面较陡的斜坡上的材料，常与其他精加工方法协作使用。

📖8.3.1　设置陡斜面精加工参数

执行【刀具路径】→【曲面精加工】→【精加工平行陡斜面】命令，系统会弹出【刀具路径的曲面选取】对话框，根据需要设定相应的参数和选择相应的图素后，单击 ✔ 按钮，此时系统会弹出【曲面精加工平行式陡斜面】对话框，如图 8-10 所示。下面对平行陡斜坡精加工特定的设置进行介绍。

图 8-10　【曲面精加工平行式陡斜面】对话框

切削方向【延伸量】：刀具在前面加工过的区域开始进刀，经过了设置的距离即延伸量后，才正式切入需要加工的陡斜面区，退出陡斜面区时也要超出这样一个距离，等于是将刀具路径的两端增长了一点，而且能够顺应路径的形状圆滑过渡，这样一来，刀具的切削范围实际上扩大了一点。

【陡斜面的范围】：在加工时用两个角度来定义工件的陡斜面，这个角度是指曲面法线与 Z 轴的夹角。在加工时，仅只对在这个倾斜范围内的曲面进行陡斜面精加工，如图 8-11

所示。

（1）【从倾斜角度】：加工范围的最小坡度。

（2）【到倾斜角度】：加工范围的最大坡度。

图 8-11　陡斜坡精加工参数设置

8.3.2　陡斜面精加工实例

对如图 8-12 所示的模型进行陡斜面精加工。

图 8-12　　陡斜面精加工模型

 光盘\视频教学\第8章\陡斜面精加工.avi

操作步骤如下：

01 打开加工模型。执行【文件】→【打开文件】命令，打开光盘中初始文件中名为【8.3.2　陡斜面精加工实例.MCX-7】文件，如图 8-12 所示。

02 创建刀具路径。

❶选择加工曲面。执行【刀具路径】→【曲面精加工】→【精加工平行陡斜面】命令或单击刀具管理器的树状结构图空白区域右键快捷菜单中的【铣床刀具路径】→【曲面精加工】→【平行陡斜面】选项。根据系统的提示在绘图区中选择如图 8-13 所示的加工曲面后按 Enter 键，系统弹出【刀具路径的曲面选取】对话框，最后单击该对话框中的 ✔ 按钮完成加工曲面的选取。

❷设置刀具参数。单击【曲面精加工平行式陡斜面】对话框中的【刀具路径参数】选项卡，进入刀具参数设置区。单击【选择刀库】按钮，选择直径为 5mm 的球刀，并设置相应的刀具参数，具体如下：【进给率】为 400，【主轴转速】为 2500，【下刀速率】率为 300，【提刀速率】为 300，如图 8-14 所示。

图 8-13　加工曲面的选取

图 8-14　刀具参数设置

❸设置曲面加工参数。单击【曲面精加工平行式陡斜面】对话框中的【曲面参数】选项卡，设置如下参数：【提刀速率】为 15，【下刀位置】为 5，加工面【预留量】为 0，如图 8-15 所示。

图 8-15　曲面加工参数设置

❹设置陡斜面精加工参数。单击【曲面精加工平行式陡斜面】对话框中的【陡斜面精加工参数】选项卡，设置如下参数：【整体误差】为 0.01，【最大切削间距】为 1.0，如图 8-16 所示。

图 8-16　陡斜面精加工参数设置

设置完后单击【曲面精加工平行式陡斜面】对话框中的 ✔ 按钮，系统立即在绘图区生成刀具路径，如图 8-17 所示。

03 刀具路径验证、加工仿真与后处理。完成刀具路径设置以后，接下来就可以通过刀具路径模拟来观察刀具路径是否设置合适。单击 🧊 按钮即可对使用相关命令完成工件的加工仿真，图 8-18 所示为加工模拟的效果图。

在确认加工设置无误后，即可以生成 NC 加工程序。单击 **G1** 按钮，设置相应的参数、文件名和保存路径后，就可以生成本刀具路径的加工程序。

图 8-17　多曲面五轴加工刀具路径示意　　　　图 8-18　刀具路径校验效果

8.4　放射精加工

曲面放射状精加工主要用于在圆形、球形的工件上产生精确的精加工刀具路径。与粗加工放射状加工一样，系统会提示【选择放射极点】。

8.4.1　设置放射精加工参数

执行【刀具路径】→【曲面精加工】→【精加工放射状】命令，系统会弹出【刀具路径的曲面选取】对话框，根据需要设定相应的参数和选择相应的图素后，单击 ✔ 按钮，此时系统会弹出【曲面精加工放射状】对话框，如图 8-19 所示。该对话框的参数的设置在粗加工中都有，只是比粗加工中少了几个项目，故不再重复。

图 8-19　【曲面精加工放射状】对话框

8.4.2 放射精加工实例

对如图 8-20 所示的模型进行放射精加工。

光盘\视频教学\第8章\放射精加工.avi

操作步骤如下：

01 打开加工模型。执行【文件】→【打开文件】命令，打开光盘中初始文件中名为【8.4.2 放射精加工实例.MCX-7】文件，如图 8-20 所示。

02 创建刀具路径。

❶选择加工曲面。执行【刀具路径】→【曲面精加工】→【精加工放射状加工】命令。根据系统的提示在绘图区中选择如图 8-21 所示的加工曲面后按 Enter 键，系统弹出【刀具路径的曲面选取】对话框，最后单击该对话框中的 ✓ 按钮完成加工曲面的选取。

图 8-20　放射精加工模型

窗选加工面

图 8-21　加工曲面的选取

❷设置刀具参数。单击【曲面精加工放射状】对话框中的【刀具路径参数】选项卡，进入刀具参数设置区。单击【选择刀库】按钮，选择直径为 5mm 的球刀，并设置相应的刀具参数，具体如下：【进给率】为 400，【主轴转速】为 2500，【下刀速率】为 300， 【提刀速率】为 300，如图 8-22 所示。

图 8-22　刀具参数设置

❸设置曲面加工参数。单击【曲面精加工放射状】对话框中的【曲面参数】选项卡，设置如下参数：【安全高度】为25，【提刀速率】为10，【下刀位置】为3，加工面【预留量】为0，如图8-23所示。

图8-23　曲面加工参数设置

❹设置粗加工平行铣削参数。单击【曲面精加工放射状】对话框中的【放射状精加工参数】选项卡，设置如下参数：【整体误差】为0.01，【最大角度增量】为1，【起始补正距距离】为0，如图8-24所示。

图8-24　放射状精加工参数设置

最后单击【曲面精加工放射状】对话框中的 ✓ 按钮，系统提示【选择放射状中心】。在如图8-25所示的X、Y、Z文本框中分别输入（50、0、0），并按Enter键，此时在绘图区会生成刀具路径，如图8-26所示。

图8-25　放射中心的设定

03 刀具路径验证、加工仿真与后处理。完成刀具路径设置以后，接下来就可以通过刀具路径模拟来观察刀具路径是否设置合适。单击 ⬡ 按钮即可对使用相关命令完成工件的加工仿真，图8-27所示为加工模拟的效果图。

在确认加工设置无误后，即可以生成NC加工程序了。单击 **G1** 按钮，设置相应的参数、文件名和保存路径后，就可以生成本刀具路径的加工程序。

图 8-26　加工刀具路径示意　　　　　图 8-27　刀具路径校验效果

8.5　投影精加工

投影精加工是将已有的刀具路径或者几何图形投影在要加工的曲面上，生成刀具路径来进行切削。

8.5.1　设置投影精加工参数

执行【刀具路径】→【曲面精加工】→【精加工投影加工】命令，系统会弹出【刀具路径的曲面选取】对话框，根据需要设定相应的参数和选择相应的图素后，单击 按钮，此时系统会弹出【曲面精加工投影】对话框，如图 8-28 所示。该对话框的【投影精加工参数】选项卡与【投影粗加工参数】对话框有点类似，但参数的设置与粗加工时的有点不同，取消了每次最大进刀量、下刀/提刀方式和刀具沿 Z 向移动方式设置，另外还新增了几项。

【增加深度】：将 NCI 文件中定义的 Z 轴深度作为投影后刀具路每项的深度，将比未选中该选项时的下刀高度高出一个距离值，刀具将在离曲面很高的地方就开始采用工作进给速度下降，一直切入曲面内。

【两切削间提刀】：在两次切削的间隙提刀。

图 8-28　【曲面精加工投影】对话框

8.5.2　投影精加工实例

对如图 8-29 所示的模型进行投影精加工。

图 8-29　投影精加工模型

操作步骤如下：

01 打开加工模型。执行【文件】→【打开文件】命令，打开光盘中初始文件中名为【8.5.2　投影精加工实例.MCX-7】文件，如图 8-29 所示。

02 创建刀具路径

❶选择加工曲面。执行【刀具路径】→【曲面精加工】→【精加工投影加工】命令。根据系统的提示在绘图区中选择如图 8-30 所示的加工曲面后按 Enter 键，系统弹出【刀具路径的曲面选取】对话框，最后单击该对话框中的 ✔ 按钮完成加工曲面的选取。

❷设置刀具参数。单击【曲面精加工投影】对话框中的【刀具路径参数】选项卡，进入刀具参数设置区。单击【选择刀库】按钮，选择直径为 1mm 的球刀，并设置相应的刀具参数，具体如下：【进给率】为 200，【主轴转速】为 2000，【下刀速率】为 200，【提刀速率】为 200，如图 8-31 所示。

图 8-30　加工曲面的选取　　　　　　图 8-31　刀具参数设置

❸设置曲面加工参数。单击【曲面精加工投影】对话框中的【曲面参数】选项卡，设置如下参数：【提刀速率】为 10，【下刀位置】为 3，加工面【预留量】为 0，如图 8-32 所

示。

图 8-32　曲面加工参数设置

❹设置投影精加工参数。单击【曲面精加工投影】对话框中的【投影精加工参数】选项卡，设置如下参数：【整体误差】为 0.001，【投影方式】为【NCI】，如图 8-33 所示。

图 8-33　投影精加工参数设置

最后单击【曲面精加工投影】对话框中的 □ 按钮，系统就会在绘图区会生成刀具路径，如图 8-34 所示。

03 刀具路径验证、加工仿真与后处理完成刀具路径设置以后，接下来就可以通过刀具路径模拟来观察刀具路径是否设置合适。单击 ● 按钮即可对使用相关命令完成工件的加工仿真，图 8-35 所示为加工模拟的效果图。

在确认加工设置无误后，即可以生成 NC 加工程序了。单击 **G1** 按钮，设置相应的参数、文件名和保存路径后，就可以生成本刀具路径的加工程序。

图 8-34　投影精加工刀具路径示意

图 8-35　刀具路径校验效果

8.6 流线精加工

精加工流线加工是沿曲面的方向产生精加工刀路，由于其进刀量沿曲面计算，因此加工出来的曲面比较光滑。由于流线精加工是每个曲面单独加工，因此在加工每一个曲面时，应考虑不能损伤其他曲面。

8.6.1 设置流线精加工参数

执行【刀具路径】→【曲面精加工】→【精加工流线加工】命令，系统会弹出【刀具路径的曲面选取】对话框，根据需要设定相应的参数和选择相应的图素后，单击 ✓ 按钮，此时系统会弹出【曲面精加工流线】对话框，如图 8-36 所示。流线加工的精加工参数设置与其粗加工含义相同，这里不再一一赘述。

图 8-36 【曲面精加工流线】对话框

8.6.2 流线精加工实例

对如图 8-37 所示的模型进行流线精加工。

图 8-37 流线精加工模型

光盘\视频教学\第8章\流线精加工.avi

操作步骤如下：

01 打开加工模型。执行【文件】→【打开文件】命令，打开光盘中初始文件中名为【8.6.2　流线精加工实例.MCX-7】的文件，如图8-37所示。

02 创建刀具路径

❶选择加工曲面。执行【刀具路径】→【曲面精加工】→【精加工流线加工】命令。根据系统的提示在绘图区中选择如图8-38所示的加工曲面后按Enter键，系统弹出【刀具路径的曲面选取】对话框，最后单击该对话框中的 ✓ 按钮完成加工曲面的选取。

❷设置曲面流线参数。单击【刀具路径的曲面选取】对话框中的 ∽ 按钮，系统弹出【流线设置】对话框，如图8-39所示。单击该对话框中的【切削方向】按钮，调整曲面流线如图8-40所示，然后单击该对话框中的 ✓ 按钮完成曲面流线的设置，此时系统返回【刀具路径的曲面选取】对话框，单击该对话框中的 ✓ 按钮。

图8-38　加工曲面的选取　　　图8-39　曲面流线设置　　　图8-40　曲面流线设置示意

❸设置刀具参数。单击【曲面精加工流线】对话框中的【刀具路径参数】选项卡，进入刀具参数设置区。单击【选择刀库】按钮，选择直径为5mm的球刀，并设置相应的刀具参数，具体如下：【进给率】为400，【主轴转速】为2500，【下刀速率】为300，【提刀速率】为300，如图8-41所示。

图8-41　刀具参数设置

❹设置曲面加工参数。单击【曲面精加工流线】对话框中的【曲面参数】选项卡，设

置如下参数：【提刀速率】为10，【下刀位置】为1，加工面【预留量】为0，如图8-42
所示。

图 8-42　曲面加工参数设置

❺设置曲面流线精加工参数。单击【曲面精加工流线】对话框中的【曲面流线精加工
参数】选项卡，设置如下参数：【整体误差】为0.01，【环绕高度】为0.1，如图8-43所示。

图 8-43　曲面流线精加工参数设置

最后单击【曲面精加工流线】对话框中的 ✓ 按钮，系统就会在绘图区会生成刀具路
径，如图8-44所示。

03 刀具路径验证、加工仿真与后处理完成刀具路径设置以后，接下来就可以通过
刀具路径模拟来观察刀具路径是否设置合适。单击 🔶 按钮即可对使用相关命令完成工件的
加工仿真，图8-45所示为加工模拟的效果图。

图 8-44　取面流线精加工刀具路径示意　　　　图 8-45　刀具路径校验效果

在确认加工设置无误后，即可以生成 NC 加工程序了。单击 **G1** 按钮，设置相应的参数、文件名和保存路径后，就可以生成本刀具路径的加工程序。

8.7 等高外形精加工

等高外形精加工的刀具是首先完成一个高度面上的所有加工后，才进行下一个高度的加工。

📖 8.7.1 设置等高外形精加工参数

执行【刀具路径】→【曲面精加工】→【精加工等高外形】命令，系统会弹出【刀具路径的曲面选取】对话框，根据需要设定相应的参数和选择相应的图素后，单击 ✓ 按钮。此时系统会弹出【曲面精加工等高外形】对话框，如图 8-46 所示。该对话框的设置和等高粗加工的参数设置基本相同。

值得注意的是，采用等高精加工时，在曲面的顶部或坡度较小的位置有时不能进行切削，这时可以采用浅平面精加工来对这部分的材料进行铣削。

图 8-46 【曲面精加工等高外形】对话框

📖 8.7.2 等高外形精加工实例

对如图 8-47 所示的模型进行等高外形精加工。

光盘\视频教学\第8章\等高外形精加工.avi

操作步骤如下：

01 打开加工模型。执行【文件】→【打开文件】命令，打开光盘中初始文件中名为【8.7.2 等高外形精加工实例.MCX-7】文件，如图 8-47 所示。

02 创建刀具路径。

❶选择加工曲面。执行【刀具路径】→【曲面精加工】→【曲面精加工等高外形】命

令。根据系统的提示在绘图区中选择如图8-48所示的加工曲面后按 Enter 键，系统弹出【刀具路径的曲面选取】对话框，最后单击该对话框中的 ✓ 按钮完成加工曲面的选取。

选择该加工面

图 8-47　等高外形精加工模型　　　　　图 8-48　加工曲面的选取

❷设置刀具参数。单击【曲面精加工等高外形】对话框中的【刀具路径参数】选项卡，进入刀具参数设置区。单击【选择刀库】按钮，选择直径为5mm的球刀，并设置相应的刀具参数，具体如下：【进给速率】为400，【主轴转速】为2000，【下刀速率】为300，【提刀速率】为300，如图8-49所示。

图 8-49　刀具参数设置

❸设置曲面加工参数。单击【曲面精加工等高外形】对话框中的【曲面参数】选项卡，设置如下参数：【提刀速率】为10，【下刀位置】为3，加工面【预留量】为0，如图8-50所示。

图 8-50　曲面加工参数设置

❹设置等高外形精加工参数。单击【曲面精加工等高外形】对话框中的【等高外形精加工参数】选项卡，设置如下参数：【整体误差】为 0.01， 【Z 轴最大进给量】为 0.8，如图 8-51 所示。

图 8-51　等高外形精加工参数设置

设置完后单击【曲面精加工等高外形】对话框中的 ✔ 按钮，系统立即在绘图区生成刀具路径，如图 8-52 所示。

03 刀具路径验证、加工仿真与后处理。完成刀具路径设置以后，接下来就可以通过刀具路径模拟来观察刀具路径是否设置合适。单击 🖐 按钮即可对使用相关命令完成工件的加工仿真，图 8-53 所示为加工模拟的效果图。

在确认加工设置无误后，即可以生成 NC 加工程序了。单击 **G1** 按钮，设置相应的参数、文件名和保存路径后，就可以生成本刀具路径的加工程序。

图 8-52　等高外形精加工加工刀具路径示意　　　图 8-53　刀具路径校验效果

8.8 浅平面精加工

与陡平面精加工正好相反，浅平面精加工主要用于加工一些比较平坦的曲面。在大多数精加工时，往往会对平坦部分的加工不够，因此需要在后面使用浅平面精加工来保障加工质量。

8.8.1 设置浅平面精加工参数

执行【刀具路径】→【曲面精加工】→【精加工浅平面加工】命令，系统会弹出【刀具路径的曲面选取】对话框，根据需要设定相应的参数和选择相应的图素后，单击 ✓ 按钮，此时系统会弹出【曲面精加工浅平面】对话框，如图 8-54 所示。该对话框中主要参数的含义如下：

【切削方式】：浅平面精加工有【双向】、【单向】以及【3D 环绕】3 种切削方式。其中，【3D 环绕】是指围绕切削区构建一个范围，切削该区域的周边，然后用最大步距去补正外部边界，构建一个切削范围。

【从倾斜角度/到倾斜角度】：与陡斜面类似，也是由两斜坡角度所决定的，凡坡度在【从倾斜角度】和【到倾斜角度】之间的曲面被视为浅平面。系统默认的坡度范围为 0°～10°，你可以改变，将加工范围扩大到更陡一点的斜坡上，但是不能超过 90°，角度不区分正负，只看值的大小。

【环绕设置】：浅平面加工增加了一种环绕切削的方法，它围绕切削区去构建一个边界，刀具沿着这个边界去切削一周，然后按照设定的切削间距将边界朝加工区内偏置一个距离，得到一个与边界线平行的轨迹，刀具按照新的轨迹线进行加工，如此反复，直到该区域加工完毕。

单击【环绕设置】按钮，弹出如图 8-55 所示为【环绕设置】对话框。勾选【覆盖自动精度的计算】复选框则三维环绕精度是用【步进量的百分比】文本框中指定的值，而不考虑自动分析计算后的结果；如果不选择，则系统按刀具、切削间距和切削公差来计算合适的环绕刀具路径。【将限定区域的边界存为图形】用于构建极限边界区域的几何图形。

图 8-54　【曲面精加工浅平面】对话框

图 8-55　【环绕设置】对话框

8.8.2　浅平面精加工实例

对如图 8-56 所示的模型进行浅平面精加工。

 光盘\视频教学\第8章\浅平面精加工.avi

操作步骤如下：

01 打开加工模型。执行【文件】→【打开文件】命令，打开光盘中初始文件中名为【8.8.2 浅平面精加工实例.MCX-7】文件，如图 8-56 所示。

02 创建刀具路径。

❶选择加工曲面。执行【刀具路径】→【曲面精加工】→【精加工浅平面加工】命令。根据系统的提示在绘图区中选择如图 8-57 所示的加工曲面后按 Enter 键，系统弹出【刀具路径的曲面选取】对话框，最后单击该对话框中的 ✓ 按钮完成加工曲面的选取。

图 8-56 浅平面精加工模型

←窗选该加工面
图 8-57 加工曲面的选取

❷设置刀具参数。单击【曲面精加工浅平面】对话框中的【刀具路径参数】选项卡，进入刀具参数设置区。单击【选择刀库】按钮，选择直径为 3mm 的球刀，并设置相应的刀具参数，具体如下：【进给率】为 400，【主轴转速】为 2500， 【下刀速率】为 300，【提刀速率】为 300，如图 8-58 所示。

图 8-58 刀具参数设置

❸设置曲面加工参数。单击【曲面精加工浅平面】对话框中的【曲面参数】选项卡，设置如下参数：【提刀速度】为 10，【下刀位置】为 3，加工面【预留量】为 0，如图 8-59 所示。

❹设置浅平面精加工参数。单击【曲面精加工浅平面】对话框中的【浅平面精加工参数】选项卡，设置如下参数：【整体误差】为 0.01，【最大切削间距】为 0.8，【从倾斜角度】为 0，【到倾斜角度】为 15，如图 8-60 所示。

设置完后单击【曲面精加工浅平面】对话框中的 ✓ 按钮，系统立即在绘图区生成刀具路径，如图 8-61 所示。

03 刀具路径验证、加工仿真与后处理。完成刀具路径设置以后，接下来就可以通过刀具路径模拟来观察刀具路径是否设置合适。单击 🔷 按钮即可对使用相关命令完成工件的加工仿真，图 8-62 所示为加工模拟的效果图。

图 8-59　曲面加工参数设置

图 8-60　浅平面精加工参数设置

在确认加工设置无误后，即可以生成 NC 加工程序。单击 **G1** 按钮，设置相应的参数、文件名和保存路径后，就可以生成本刀具路径的加工程序。

图 8-61　浅平面精加工刀具路径示意　　　　图 8-62　刀具路径校验效果

8.9 交线清角精加工

该方法用于清除曲面之间的交角部分残余材料，须与其他加工方法配合使用。该种精加工方法刀具路径可在两种方法中使用：作为粗加工操作切除交角上的残余材料，所以随已粗加工曲面使用该方法可更容易清除交角上的残渣；作为精加工操作从交角上清除毛坯材料。

8.9.1　设置交线清角精加工参数

执行【刀具路径】→【曲面精加工】→【精加工交线清角】命令，系统会弹出【刀具路径的曲面选取】对话框，根据需要设定相应的参数和选择相应的图素后，单击 按钮，此时系统会弹出【曲面精加工交线清角】对话框，如图 8-63 所示。参数设置与前面各加工方式中的一样，设置好参数后，系统会自动计算出哪些地方需要清角，然后进行加工。

图 8-63　【曲面精加工交线清角】对话框

8.9.2　交线清角精加工实例

对如图 8-64 所示的模型进行交线清角精加工。

光盘\视频教学\第8章\交线清角精加工.avi

操作步骤如下：

01 打开加工模型。执行【文件】→【打开文件】命令，打开光盘中初始文件中名为【8.9.2　交线清角精加工实例.MCX-7】文件，如图 8-64 所示。

02 创建刀具路径。

❶选择加工曲面。执行【刀具路径】→【曲面精加工】→【精加工交线清角】命令。根据系统的提示在绘图区中选择如图 8-65 所示的加工曲面后按 Enter 键，系统弹出【刀具路径的曲面选取】对话框，最后单击该对话框中的 按钮完成加工曲面的选取。

❷设置刀具参数。单击【曲面精加工交线清角】对话框中的【刀具路径参数】选项卡，进入刀具参数设置区。单击【选择刀库】按钮，选择直径为 3mm 的球刀，并设置相应的刀具参数，具体如下：【进给率】为 200，【主轴转速】为 3000，【下刀速率】为 150，【提刀速率】为 150，如图 8-66 所示。

❸设置曲面加工参数。单击【曲面精加工交线清角】对话框中的【曲面参数】选项卡，设置如下参数：【提刀速率】为 10，【下刀位置】为 3，加工面【预留量】为 0，如图 8-67 所示。

窗选该加工面

图 8-64　交线清角精加工模型　　　　　图 8-65　加工曲面的选取

图 8-66　刀具参数设置

图 8-67　曲面加工参数设置

❹设置交线清角精加工参数。单击【曲面精加工交线清角】对话框中的【交线清角精加工参数】选项卡，设置如下参数：【整体误差】为 0.01，其他参数采用默认值，如图 8-68所示。

设置完后单击【曲面精加工交线清角】对话框中的_____✓按钮，系统立即在绘图区生成刀具路径，如图 8-69 所示。

图 8-68　交线清角精加工参数设置

03 刀具路径验证、加工仿真与后处理。完成刀具路径设置以后，接下来就可以通过刀具路径模拟来观察刀具路径是否设置合适。单击 ● 按钮即可对使用相关命令完成工件的加工仿真，图 8-70 所示为加工模拟的效果图。

在确认加工设置无误后，即可以生成 NC 加工程序了。单击 **G1** 按钮，设置相应的参数、文件名和保存路径后，就可以生成本刀具路径的加工程序。

图 8-69　交线清角精加工刀具路径示意

图 8-70　刀具路径校验效果

8.10　残料清角精加工

残料清角精加工方法产生的刀具路径用于清除前面使用大口径刀具加工而造成的残余毛坯材料，也应与其他加工方法配合使用。

8.10.1　设置残料清角精加工参数

执行【刀具路径】→【曲面精加工】→【精加工残料加工】命令，系统会弹出【刀具路径的曲面选取】对话框，根据需要设定相应的参数和选择相应的图素后，单击 ✔ 按钮，此时系统会弹出【曲面精加工残料清角】对话框，如图 8-71 和图 8-72 所示。加工方法与粗加工中的残料加工类似，除了两个共同的设置菜单项外，还有两个特征菜单项，与粗加工有不同之处。

【混合路径】：它是 2D 加工形式和 3D 加工形式的混合，在 3D 环绕切削方式下无效。大于转折角度时为 2D 方式，这时曲面比较陡；小于转折角度时为 3D 方式，这时曲面比较平缓。① 2D 方式：是指在切削一周的过程中，切入深度 Z 不变，刀具路径在二维方向是等距的。② 3D 方式：是指在切削一周的过程中，Z 值根据曲面的形态而变化，刀具路径在空间是保持等距的，这可以使得在加工陡面时自动增加刀具路径，免得在陡面上刀具切削的路径太稀。

图 8-71　残料清角精加工参数选项卡

图 8-72　残料清角的材料参数选项卡

【由粗铣的刀具计算剩余的材料】：有【粗铣刀具的刀具直径】【粗铣刀具的刀角半径】以及【重叠距离】三选项，设置该值后，系统会自动根据粗加工刀具直径及重叠距离来计算清除材料的加工范围。例如：若粗加工刀具的直径选择为 12mm 的刀具，并且重叠距离设为 2,则系统认为粗加工的区域是用直径为 14mm 的刀具按原刀具路径加工出来的区域。当然，这个区域是系统假想的，要比实际粗加工的区域要大，那么，在清除残料精加工时，搜索的加工范围也就大一些，因此残料清除可能更彻底。

8.10.2　残料清角精加工实例

对如图 8-73 所示的模型进行残料清角精加工。

图 8-73　残料清角精加工模型

光盘\视频教学\第8章\残料清角精加工.avi

操作步骤如下：

01 打开加工模型。执行【文件】→【打开文件】命令，打开光盘中初始文件中名为【8.10.2 残料清角精加工实例.MCX-7】文件，如图8-73所示。

02 创建刀具路径

❶选择加工曲面。执行【刀具路径】→【曲面精加工】→【精加工残料加工】命令。根据系统的提示在绘图区中选择如图8-74所示的加工曲面后按Enter键，系统弹出【刀具路径的曲面选取】对话框，最后单击该对话框中的 ✓ 按钮完成加工曲面的选取。

窗选该加工面

图8-74 加工曲面的选取

❷设置刀具参数。单击【曲面精加工残料清角】对话框中的【刀具路径参数】选项卡，进入刀具参数设置区。单击【选择库中的刀具】按钮，选择直径为3mm的球刀，并设置相应的刀具参数，具体如下：【进给率】为200，【主轴转速】为3000，【下刀速率】为150，【提刀速率】为150，如图8-75所示。

图8-75 刀具参数设置

❸设置曲面加工参数。单击【曲面精加工残料清角】对话框中的【曲面参数】选项卡，设置如下参数：【提刀速率】为10，【下刀位置】为3，加工面【预留量】为0，如图8-76所示。

图 8-76　曲面加工参数设置

❹设置残料清角精加工参数。单击【曲面精加工残料清角】对话框中的【残料清角精加工参数】选项卡，设置如下参数：【整体误差】为 0.01，【最大切削间距】为 0.5，如图 8-77 所示。

图 8-77　残料清角精加工参数设置

设置完后单击【曲面精加工残料清角】对话框中的 ✓ 按钮，系统立即在绘图区生成刀具路径，如图 8-78 所示。

03 刀具路径验证、加工仿真与后处理。完成刀具路径设置以后，接下来就可以通过刀具路径模拟来观察刀具路径是否设置合适。单击 ● 按钮即可对使用相关命令完成工件的加工仿真，图 8-79 所示为加工模拟的效果图。

在确认加工设置无误后，即可以生成 NC 加工程序。单击 **G1** 按钮，设置相应的参数、文件名和保存路径后，就可以生成本刀具路径的加工程序。

图 8-78　多曲面五轴加工刀具路径示意

图 8-79　刀具路径校验效果

8.11　环绕等距精加工

环绕等距精加工是指刀具在加工多个曲面零件的时，刀具路径沿曲面环绕并且相互等距，即残留高度固定。它与流线加工类似，是根据曲面的形态决定切除深度，而不管毛坯是何形状，所以若毛坯尺寸和形状接近零件时用此法较为稳妥。

8.11.1　设置环绕等距精加工参数

执行【刀具路径】→【曲面精加工】→【精加工环绕等距加工】命令，系统会弹出【刀具路径的曲面选取】对话框，根据需要设定相应的参数和选择相应的图素后，单击 ✔ 按钮，此时系统会弹出【曲面精加工环绕等距】对话框，如图 8-80 所示。该对话框中的参数设置与前面加工方法中的同名项相同，故不重复介绍。

图 8-80　曲面精加工环绕等距对话框

【切削顺序依照最短距离】：此项为刀具路径优化项，目的在于减少刀具从一条切削线到另一条切削线的距离，同时对刀具的返回高度也采取优化。

【斜线角度】：设置进到时的角度值。

8.11.2　环绕等距精加工实例

对如图 8-81 所示的模型进行环绕等距精加工。

图 8-81　环绕等距精加工模型

光盘\视频教学\第8章\环绕等距精加工.avi

操作步骤如下：

01 打开加工模型。执行【文件】→【打开文件】命令，打开光盘中初始文件中名为【环绕等距精加工实例.MCX-7】文件，如图 8-81 所示。

02 创建刀具路径。

❶选择加工曲面。执行【刀具路径】→【曲面精加工】→【精加工环绕等距加工】命令。根据系统的提示在绘图区中选择如图 8-82 所示的加工曲面后按 Enter 键，系统弹出【刀具路径的曲面选取】对话框，最后单击该对话框中的 ✓ 按钮完成加工曲面的选取。

❷设置刀具参数。单击【曲面精加工环绕等距】对话框中的【刀具路径参数】选项卡，进入刀具参数设置区。单击【选择刀库】按钮，选择直径为 5mm 的球刀，并设置相应的刀具参数，具体如下：【进给率】为 500，【主轴转速】为 2500，【下刀速率】为 400，【提刀速率】为 400，如图 8-83 所示。

图 8-82　加工曲面的选取

图 8-83　刀具参数设置

❸设置曲面加工参数。单击【曲面精加工环绕等距】对话框中的【曲面参数】选项卡，设置如下参数：【提刀速率】为 10，【下刀位置】为 3，加工面【预留量】为 0，如图 8-84 所示。

图 8-84　曲面加工参数设置

❹设置精加工平行铣削参数。单击【曲面精加工环绕等距】对话框中的【环绕等距精加工参数】选项卡，设置如下参数：【整体误差】为 0.01，【最大切削间距】为 0.8，如图 8-85 所示。

图 8-85　环绕等距精加工参数设置

设置完后单击【曲面精加工环绕等距】对话框中的 按钮，系统立即在绘图区生成刀具路径，如图 8-86 所示。

03 刀具路径验证、加工仿真与后处理。完成刀具路径设置以后，接下来就可以通过刀具路径模拟来观察刀具路径是否设置合适。单击 按钮即可对使用相关命令完成工件的加工仿真，图 8-87 所示为加工模拟的效果图。

在确认加工设置无误后，即可以生成 NC 加工程序了。单击 **G1** 按钮，设置相应的参数、文件名和保存路径后，就可以生成本刀具路径的加工程序。

图 8-86　多曲面五轴加工刀具路径示意

图 8-87　刀具路径校验效果

8.12　熔接精加工

熔接精加工是针对由两条曲线决定的区域进行切削。它是 Mastercam X 的新增的一种加工方法。

📖 8.12.1　设置熔接精加工参数

执行【刀具路径】→【曲面精加工】→【精加工熔接加工】命令，系统会弹出【刀具路径的曲面选择】对话框，根据需要设定相应的参数和选择相应的图素后，单击 按钮，此时系统会弹出【曲面熔接精加工】对话框，如图 8-88 所示。

【截断方向/引导方向】：用于设置熔接加工刀具路径沿曲面运动融合形式。其中【截断方向】用于设置刀具路径与截断方向同向，即生成一组横向刀具路径；【引导方向】用于设置刀具路径与引导方向相同，即生成一组纵向刀具路径。

图 8-88　【曲面精加工熔接】对话框

【熔接设置】：选择【引导方向】时，【熔接设置】被激活。单击其按钮，系统弹出【引导方向熔接设置】对话框，如图 8-89 所示，用于引导方向熔接设置。

图 8-89　引导方向熔接设置

8.12.2　熔接精加工实例

对如图 8-90 所示的模型进行熔接精加工。

图 8-90　熔接精加工模型

参见
光盘　　光盘\视频教学\第8章\熔接精加工.avi

操作步骤如下：

01 打开加工模型。执行【文件】→【打开文件】命令，打开光盘中初始文件中名为【8.12.2 熔接精加工实例.MCX-7】文件，如图 8-90 所示。

02 创建刀具路径。

❶ 选择加工曲面。执行【刀具路径】→【曲面精加工】→【精加工熔接加工】命令。根据系统的提示在绘图区中选择如图 8-91 所示的加工曲面后按 Enter 键。

单击【刀具路径的选取】对话框中的【熔接曲线】按钮，然后根据系统的提示选择如图 8-92 所示的熔接边界 L1、L2，并按 Enter 键确认。系统弹出【刀具路径的曲面选取】对话框，最后单击该对话框中的 ✔ 按钮完成加工曲面的选取。

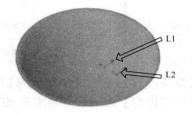

图 8-91　加工曲面的选取　　　　　　图 8-92　熔接边界的选择

❷ 设置刀具参数。单击【曲面熔接精加工】对话框中的【刀具路径参数】选项卡，进入刀具参数设置区。单击【选择刀库】按钮，选择直径为 5mm 的球刀，并设置相应的刀具参数，具体如下：【进给速率】为 400，【主轴转速】为 2500，【下刀速率】为 300，【提刀速率】为 300，如图 8-93 所示。

图 8-93　刀具参数设置

❸ 设置曲面加工参数。单击【曲面熔接精加工】对话框中的【曲面参数】选项卡，设置如下参数：【提刀速率】为 15，【下刀位置】为 3，加工面【预留量】为 0，如图 8-94 所示。

图 8-94　曲面加工参数设置

❹设置精加工平行铣削参数。单击【曲面熔接精加工】对话框中的【熔接精加工参数】选项卡，设置如下参数：【整体误差】为 0.01，【最大步进量】为 0.5，如图 8-95 所示。

图 8-95　熔接精加工参数设置

设置完后单击【曲面熔接精加工】对话框中的 ✓ 按钮，系统立即在绘图区生成刀具路径，如图 8-96 所示。

03 刀具路径验证、加工仿真与后处理。完成刀具路径设置以后，接下来就可以通过刀具路径模拟来观察刀具路径是否设置合适。单击 ⬢ 按钮即可对使用相关命令完成工件的加工仿真，图 8-97 所示为加工模拟的效果图。

图 8-96　熔接精加工刀具路径示意

图 8-97　刀具路径校验效果

在确认加工设置无误后，即可以生成 NC 加工程序了。单击 **G1** 按钮，设置相应的参数、文件名和保存路径后，就可以生成本刀具路径的加工程序。

8.13 综合实例——吹风机

精加工主要目的是将工件加工到所要求的精度和表面粗糙度或接近所要求的精度和表面粗糙度。因此，有时候会牺牲效率来满足精度要求，往往不只用一种精加工，而是多种精加工配合使用。下面以实例来说明精加工综合运用。

对如图 8-98 所示的图形进行光刀，结果如图 8-99 所示。

图 8-98　加工图形

图 8-99　加工结果

光盘\视频教学\第8章\吹风机.avi

操作步骤如下：

8.13.1　刀具路径编制

此图已经经过挖槽粗加工，接下来将用精加工刀具路径进行光刀，其步骤如下：

01 用 D=20R2 的圆鼻刀采用等高外形精加工。

❶执行【文件】→【打开文件】命令，打开光盘中初始文件中名为【8.13 吹风机】，单击 ✅ 按钮完成文件的调取。

❷执行【刀具路径】|【曲面精加工】|【精加工等高外形】命令，选择加工曲面后，单击目标选择栏中的【结束选择】按钮 ⚫，弹出【刀具路径的曲面选取】，选择加工边界，如图 8-100 所示，单击 ✅ 按钮完成加工面和加工边界的选择。

图 8-100　选取串联

❸系统弹出【曲面精加工等高外形】对话框,单击该对话框中的【刀具路径参数】选项卡,来设置刀具和切削参数,如图 8-101 所示。

图 8-101　刀具参数

❹在【曲面精加工等高外形】对话框中单击【选择刀库】按钮,在弹出的【选择刀具】选项框中选择直径为 20 的圆鼻刀,然后双击刀具图标系统弹出【定义刀具】对话框,选择【类型】弹出定义道具类型对话框如图 8-102 所示。

图 8-102　定义刀具类型

❺在【类型】选项卡中选择【圆鼻刀】,在弹出的【圆鼻刀】选项卡中设置刀具参数,如图 8-103 所示。单击 ✔ 按钮完成刀具参数设置。

图 8-103　定义刀具参数

⑥在【刀具路径参数】对话框中即创建了 D20 的圆鼻刀。设置【进给率】为 1000，【下刀速率】为 600，【提刀速率】为 1000 ，【主轴转速】为 3000，如图 8-104 所示。

图 8-104　设置切削参数

⑦在【曲面精加工等高外形】对话框中单击【曲面参数】选项卡，并在该选项卡中设置【提刀速率】为增量坐标 25，【下刀位置】为 5，加工面【预留量】为 0.3，【刀具控制】设为中心。如图 8-105 所示。

⑧在【曲面精加工等高外形】对话框中单击【等高外形精加工参数】选项卡，在该选项卡中设置等高外形精加工参数。【开放式轮廓的方向】设为【双向】，【Z 轴最大进给量】设为 0.2，【进/退刀】设为【圆弧进刀】，如图 8-106 所示。

⑨系统根据所设参数生成曲面精加工等高铣削刀具路径如图 8-107 所示。

接下来采用环绕等距精加工，刀具直径给为 D=10mm 的球刀光刀。

02 用 D=10mm 的球刀进行环绕等距精加工。

❶执行【刀具路径】|【曲面精加工】|【精加工环绕等距加工】命令，选择加工曲面后，单击目标选择栏中的【结束选择】按钮，弹出【刀具路径的曲面选取】对话框，选择加工边界，如图 8-108 所示，单击 ✓ 按钮，完成曲面和加工边界的选择。

图 8-105　设置曲面加工参数

图 8-106　等高加工参数

图 8-107　生成刀具路径

图 8-108　选取曲面和加工范围

❷系统弹出【曲面精加工环绕等距】对话框，利用对话框中的【刀具路径参数】选项卡来设置刀具和切削参数，如图 8-109 所示。

❸在【曲面精加工环绕等距】对话框中单击【选择刀库】按钮，在弹出的【选择刀具】选项框中选择直径为 10 的球刀，然后双击刀具图标系统弹出【定义刀具】对话框，选择【类型】弹出定义道具类型对话框如图 8-110 所示。

❹在【类型】选项卡中选择【球刀】，并在弹出的【球刀】选项卡中设置刀具参数，如图 8-111 所示。单击【确定】按钮完成刀具参数设置。

图 8-109　刀具参数

图 8-110　定义刀具类型、

图 8-111　定义刀具参数

❺在【刀具路径参数】选项卡中即创建了 D10 球刀。设置【进给率】为800，【下刀速率】为600，【提刀速率】为600，【主轴转速】为3000，如图8-112 所示。

图 8-112　设置切削参数

❻在【曲面精加工环绕等距】对话框中单击【曲面参数】选项卡，在该选项卡中设置【提刀速率】为25，【下刀位置】为5，加工面【预留量】为0。如图8-113 所示。

图 8-113　设置曲面加工参数

❼在【曲面精加工环绕等距】对话框中单击【环绕等距精加工参数】选项卡，在该选项卡中设置曲面环绕等距精加工参数。如图8-114 所示。

❽环绕等距加工效果虽好，但是若平面也用环绕等距加工的话，刀具路径将会非常大，耗时也非常长，因此，要限制环绕等距加工平面部分。在【环绕等距精加工参数】对话框中单击限定深度按钮，弹出【限定深度】对话框，如图8-115 所示。该对话框用来设置切削的深度，曲面最低点深度值为-29.878168，所以设置限定深度范围为0～29。

❾系统根据所设参数生成曲面精加工环绕等距铣削刀具路径如图8-116 所示。

环绕等距加工完毕，再来光平面部分，采用 D=10 的平刀用挖槽平面功能进行加工。

(03) 用 D=10 的平刀采用挖槽平面加工光平面。

❶执行【刀具路径】|【曲面粗加工】|【粗加工挖槽加工】命令，选择加工曲面后，

单击目标选择栏中的【结束选择】按钮■，弹出【刀具路径的曲面选取】对话框，选择加工边界，如图8-117所示。单击✔按钮，完成曲面和加工边界的选择。

图8-114　环绕等距加工参数

图8-115　限定深度

图8-116　生成刀具路径

图8-117　选取曲面和加工范围

❷系统弹出【曲面粗加工挖槽】对话框，利用对话框中的【刀具路径参数】选项卡来设置刀具和切削参数，如图8-118所示。

❸在【曲面粗加工挖槽】对话框中单击【选择刀库】按钮，在弹出的【选择刀具】选项框中选择直径为10的平底刀，然后双击刀具图标系统弹出【定义刀具】对话框，选择【类型】弹出定义道具类型对话框如图8-119所示。

❹在【类型】选项卡中选取【平底刀】，在弹出【平底刀】选项卡中设置刀具参数，如图8-120所示。单击✔按钮完成刀具参数设置。

❺在【刀具路径参数】选项卡中即创建了D10平底刀。设置【进给率】为800，【下刀

速率】为600，【提刀速率】为1000，【主轴转速】为3000，如图8-121所示。

图8-118　刀具参数

图8-119　定义刀具类型

图8-120　定义刀具参数

图 8-121　设置切削参数

❻在【曲面粗加工挖槽】对话框中单击【曲面参数】选项卡，在该选项卡中设置【提刀速率】为 25，【下刀位置】为 5，加工面【预留量】为 0。如图 8-122 所示。

图 8-122　设置曲面加工参数

❼在【曲面粗加工挖槽】对话框中单击【粗加工参数】选项卡，在该选项卡中设置曲面挖槽粗加工参数。将【Z 轴最大进给量】设为 1，并勾选【由切削范围外下刀】复选框。如图 8-123 所示。

❽在【粗加工参数】选项卡中单击【铣平面】按钮 G铣平面(F)... ，弹出【平面铣削加工参数】对话框，如图 8-124 所示。该对话框用来设置平面加工参数。

图 8-123　环绕等距加工参数

❾在【曲面粗加工挖槽】对话框中单击【挖槽参数】选项卡，在该选项卡中设置挖槽专用加工参数。如图 8-125 所示。

图 8-124　平面加工参数　　　　　　　　　　图 8-125　挖槽参数

❿单击 ✔ 按钮完成参数设置，系统根据所设的参数生成刀具路径如图 8-126 所示。

图 8-126　生成的刀具路径

8.13.2　模拟加工

刀具路径编制完后，需要进行模拟检查刀具路径，如果无误即执行后处理生成 G、M 标准代码。其步骤如下：

01 在刀具路径管理器中单击【属性】|【素材设置】命令，弹出【机器群组属性】对话框，该对话框用来设置工件参数。在【形状】选项组中选【立方体】单选钮。如图 8-127 所示。

02 在【材料设置】对话框中设置矩形工件尺寸为 220×225×50，单击 ✔ 按钮，完成工件参数设置。生成的毛坯如图 8-128 所示。

03 在刀具管理器中单击【验证已选择的操作】按钮 ，在【验证】对话框单击【机床】按钮 ，系统进行模拟，模拟结果如图 8-129 所示。

04 模拟检查无误后，在刀具管理器中单击执行【后处理已选择的操作】按钮 **G1**，生成 G、M 代码如图 8-130 所示。

图 8-127　选取立方体为毛坯

图 8-128　毛坯

图 8-129　模拟结果

图 8-130　生成 G、M 代码

根据 8.12 节的提示，完成 8-131 所示图形的三维精加工，要求模拟粗/精加工的刀具路径。

图 8-131　精加工过程图